中文版

CorelDRAW

商业案例
项目设计 完全解析

丁玲玲 编著

U0215654

清华大学出版社

北京

内 容 简 介

本书全面系统地介绍了CorelDRAW在12个设计类领域常用的操作和设计技巧，以案例的形式全面讲解了按钮、标志、背景、名片、招贴海报、广告、画册、插画、产品包装、UI、VI、服装款式的制作方法和设计概述，案例精美，操作步骤翔实，实用性、可操作性强。

本书资源包括书中的案例素材和源文件，以及多媒体视频文件，同时还提供了PPT课件，以提高读者的兴趣、实际操作能力以及工作效率，读者在学习过程中可参考使用。

本书面向CorelDRAW的初、中级用户，既适合从事平面广告设计、工业设计、CIS企业形象策划、产品包装造型、印刷制版等工作人员以及电脑美术爱好者阅读，也可以作为社会培训学校、大中专院校相关专业的教学参考书或上机实践指导用书。

图书在版编目(CIP)数据

中文版CorelDRAW商业案例项目设计完全解析 / 丁玲玲编著. —北京：清华大学出版社，2019
ISBN 978-7-302-53476-1

Ⅰ.①中… Ⅱ.①丁… Ⅲ.①图形软件 Ⅳ.①TP391.412

中国版本图书馆 CIP 数据核字（2019）第 174183 号

责任编辑：韩宜波
封面设计：李 坤
责任校对：王明明
责任印制：沈 露

出版发行：清华大学出版社
　　　　网　　　址：http://www.tup.com.cn，http://www.wqbook.com
　　　　地　　　址：北京清华大学学研大厦 A 座　　　　　邮　　编：100084
　　　　社 总 机：010-62770175　　　　　　　　　　　　邮　　购：010-62786544
　　　　投稿与读者服务：010-62776969，c-service@tup.tsinghua.edu.cn
　　　　质 量 反 馈：010-62772015，zhiliang@tup.tsinghua.edu.cn
印 装 者：涿州汇美亿浓印刷有限公司
经　　销：全国新华书店
开　　本：190mm×260mm　　　印　　张：15.25　　　字　　数：370 千字
版　　次：2019 年 9 月第 1 版　　　印　　次：2019 年 9 月第 1 次印刷
定　　价：69.80 元

产品编号：081792-01

CorelDRAW是Corel公司开发的图形图像软件，是一款通用且功能强大的图形设计软件，软件的内容丰富、环境布局明了，是进行设计和创意的一个首选舞台。

本书案例以CorelDRAW 2018中文版软件进行设计，根据作者多年的平面设计工作经验，通过理论结合实际的操作形式，系统地介绍CorelDRAW软件在现实生活中涉及的领域。内容包括常用、实用的12个设计类领域，涉及按钮、标志、背景、名片、招贴海报、广告、画册、插画、产品包装、UI、VI、服装设计。每章都最少有两个案例，并详细地解释了操作步骤和方案设计，可以从中吸取美学和设计的一些理论知识。

商业案例的一般设计流程是：项目诉求（客户要求）→项目（设计）定位→配色方案→确定版面→制作方案。根据商业案例的制作流程，本书中商业案例的讲解从与客户洽谈开始，根据客户的需求来制定方案和配色，再确定方案和配色，最后加入创意来设计作品。

每章的案例后都会列举一些优秀的设计作品以供赏析，希望读者可以从中找到更多的设计灵感。

本书内容安排如下。

第1章　按钮设计。主要从按钮的概念、按钮的构成元素、按钮的设计原则、按钮的大小、按钮的顺序等方面来学习按钮设计。

第2章　标志设计。主要从标志的概念、标志的构成元素、标志的设计原则、标志的类型、标志设计的表现形式、标志的形式美法则等方面来学习标志设计。

第3章　背景设计。主要从背景的概念、背景的基本组成部分、背景的设计原则、背景的分类等方面来学习背景设计。

第4章　名片设计。主要从名片的常见类型、名片的基本组成部分、名片的常用尺寸、名片的构图方式、名片的制作工艺等方面来学习名片设计。

第5章　招贴海报设计。主要从招贴海报的概念、招贴海报的常见类型、招贴海报的构成要素、招贴海报的创意手法、招贴海报的表现形式等方面来学习招贴海报设计。

第6章　广告设计。主要从广告的概念、广告设计的原则、广告的常见类型、广告的版面排版等方面来学习广告的设计。

第7章　画册设计。主要从画册的概念、画册的设计原则、画册的常见分类、画册的常见开本等方面来学习画册设计。

第8章　插画设计。主要从插画的概念、插画的设计原则、插画的常见分类、插画的表现形式及风格等方面来学习插画设计。

第9章 产品包装设计。主要从产品包装的概念、产品包装的常见形式、产品包装的常用材料等方面来学习产品包装设计。

第10章 UI设计。主要从UI的概念、UI设计的原则、UI设计的控件等方面来学习UI设计。

第11章 VI设计。主要从VI的概念、VI设计的基本要素等方面来学习VI设计。

第12章 服装设计。主要从服装设计的概念、服装设计的原则等方面来学习服装设计。

本书在软件操作讲解过程中，还给出了实用的软件功能技巧提示以及设计技巧提示，可供读者拓展学习。

本书摒弃了繁杂的基础内容和烦琐的操作步骤，力求通过精简的操作步骤实现最佳的视觉设计效果。全书结构清晰、语言浅显易懂、案例丰富精彩，兼具实用手册和技术参考手册的特点，具有很强的实用性和较高的技术含量。

本书由淄博职业学院的丁玲玲老师编写，参与案例视频录制的有王芳、赵岩，在此表示感谢。

由于作者水平有限，书中难免有疏漏和不妥之处，恳请广大读者批评、指正。

本书提供了案例的素材文件、效果文件以及PPT课件，扫一扫右侧的二维码，推送到自己的邮箱后下载获取。

编　者

目录

第2章　标志设计　019

038　第3章　背景设计

第4章　名片设计　055

第7章　画册设计　121

第10章　UI设计　183

第11章　VI设计　205

218　第12章　服装设计

第 1 章

按钮设计

按钮是交互设计中必备的元素，是一种视觉符号，会给人传达出重要的交互信息。当涉及交互的机器或信息化页面时，用户需要单击交互按钮，来完成交互操作。恰到好处的按钮设计会在交互操作中起到非常重要的作用。

1.1 按钮设计概述

按钮是在交互系统中和系统进行交流的一种信息化组件，是交互式机器或信息化界面中最为常见的一种组件，可在用户界面中进行点击操作，来实现与系统的交互。在信息化的当今社会中交互式信息已经逐渐深入到每个人的生活中，各种映入眼帘的网页都存在多多少少的交互按钮，通过这些按钮使得人们能够完成对网站、系统的一些操作，如图1-1所示。

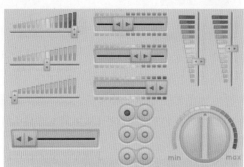

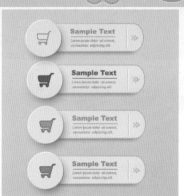

图1-1

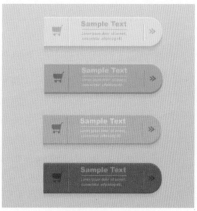

图1-1（续）

1.1.1 什么是按钮

按钮最早出现是一种常用的控制电器，如图1-2所示，一般用来控制电器或其他设备。随着信息化的到来，按钮也是最早期出现在网页组件中的一种元件，常用来控制或进行交互，如图1-3所示。

图1-2

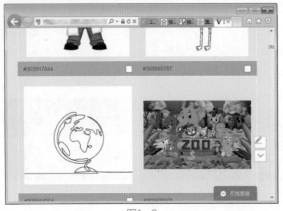

图1-3

按钮就是一个表达了需要交互的内容标签，是交互控制的一种操作，使其准确地传达交互的内容和操作。按钮根据其标签内容可以达到以下特色功能。

（1）向导功能。为用户的下一步操作起到向导作用，使您确定当前的操作进入下一项、结束或开始操作。

（2）指令功能。可以通过按钮来实现指定标签的操作命令，控制电器或交互网页。

（3）提示功能。可根据标签内容实现选择性的指令。

1.1.2 按钮的构成元素

按钮是交互的视觉符号，具有重要的信息价值，有助于创建可视性按钮标签，按钮可以分为文字、形状、颜色三个部分，三者可单独进行设计，如图1-4所示，

图1-4

按钮中的文字是表达信息最直接的方式。按钮中的文字使用直观性的文字，尽量不要使用艺术字来设计按钮。不同的文字效果给人不同的视觉感受，厚重的字体给人庄重、严肃的视觉效果，例如粗黑体。纤细的字体给人以俏皮、轻松的视觉效果，如雅黑。传统的书法则给人文化气息和厚重的历史感，如楷体、行书。不同种类的文字有着不同的视觉感官，所以在进行按钮标签设计时，要深入

了解其按钮的作用和特性，从而根据场景设计出符合条件的按钮标签内容。如图1-5所示为购物网页中的按钮设计效果。

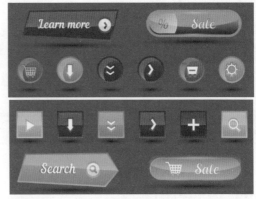

图1-5

按钮的图形可以采用几何图形来创建，如矩形、圆角矩形、正方形、圆形、梯形、椭圆、不等边图形，或采用一些简单的植物、动漫、卡通造型等都是可以的，通过一些后期的加工和美化，使其符合当前需要设计的主题即可。图形使用得当可以使按钮更加具有观赏性和直观性，如图1-6所示。

图1-6

颜色在按钮设计中是不可缺少的部分，无论是光鲜亮丽的色彩还是单一朴素的色彩，必须遵守统一和协调，只要色彩搭配统一和协调就会使人印象深刻，如图1-7所示。

图1-7

1.1.3 按钮的设计原则

按钮的设计是普遍的平面设计之一，与图形设

计和信息化交互设计息息相关，更是信息化社会生活中不可或缺的一种交互式组件，在设计按钮时要遵循以下原则。

（1）标签性。每个按钮都是一个可以交互的标签标识，按钮中的标签文本一定要简明扼要地阐述当前的操作标题。

（2）简洁性。过于复杂的按钮不易识别，尤其是在网页中出现的按钮，设计得过于复杂会使用户误解为标志，这样就失去了交互的原则。

（3）突出性。无论是什么样的按钮，必须让用户在多元化的元素中一眼就可以找到它。

在设计按钮的同时还要遵循其基本的功能，从而创建出既符合视觉效果，又符合交互操作的按钮。

1.1.4 按钮的大小

按钮的大小能反映该元素在屏幕上的优先级，大的按钮意味着重要的交互操作。

较大的按钮是优先级较高的按钮，重要的按钮最先考虑到的是较大的尺寸，增加按钮的尺寸可以吸引用户的注意力。

在做交互式界面中的按钮时，较小的按钮会导致用户出现错误的操作，如图1-8所示。

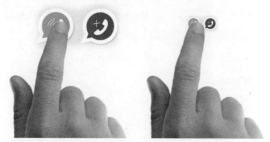

图1-8

据研究发现，手指垫的平均长度在10～14mm之间，指尖的长度为8～10mm，所以10mm×10mm就是一个较好的最小触摸目标尺寸。

1.1.5 按钮的顺序

按钮的顺序反映用户和系统之间的交互意识，按钮的顺序可以根据意图来排列，如果希望用户在屏幕上先看到哪个按钮，哪个按钮就要设计到靠左或最左面的位置，因为人们由于读书的惯性一般都是由左到右来阅览，所以就形成了先左后右的视觉

习惯。例如，如何在播放器中排列"上一集/下一集"按钮？一般来说，上一集的按钮应该在左边，下一集的按钮应该在右边。

1.2 商业案例——开关按钮设计

1.2.1 设计思路

扫码看视频

■ 案例类型

本案例是一款手机应用软件的开关按钮设计项目。

■ 设计背景

该款手机软件是一款界面简约清新的购物软件，软件整体色调较为清淡素雅，所以设计的开关按钮要求符合整体色调，与整体色调协调即可。如图1-9所示为客户的意向图。

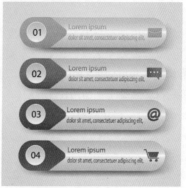

图1-9

■ 设计定位

根据该公司提供的意向图，可以初步确定按钮的主题色调为浅灰色。根据网站手机软件的界面环境来初步定义为一个简约的长条圆角矩形按钮。

1.2.2 配色方案

对于软件用户而言，界面的整体搭配会给人留下初步的印象，简洁的界面给人轻松休闲之感，复杂的界面给人以烦琐沉重感。

■ 主色

在所有的色系中灰色是给人最为沉稳和安静的色调，所以本案例的主色调选择为浅灰色，如图1-10所示。

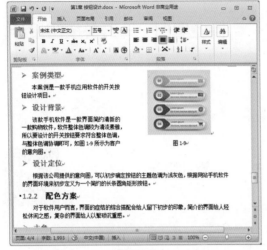

图1-10

■ 辅助色

如果按钮都要用主色调会显得过于肃静和沉稳，由于是购物网站，所以要添加一些比较活泼的颜色，例如红色、绿色和黄色。尽量用些饱和度高的色调来补偿灰色的单一。

■ 其他配色方案

涉及沉稳的色调有很多，例如饱和度较低的颜色都会给人沉稳、安全之感。但如果本案例的按钮标志使用其他饱和度较低的色彩按钮时，就跟整体的界面搭配得不协调了，如图1-11所示。

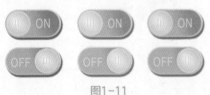

图1-11

1.2.3 形状设计

形状和颜色一样可以影响心情。棱角的外观形状可以展现出严肃的氛围；圆角流畅的外观形状可以给人轻松、休闲、有节奏的感觉，不规则的形状给人以自由、不拘束的感觉，如图1-12所示。

图1-12

1.2.4 同类作品欣赏

1.2.5 项目实战

■ 制作流程

本案例首先绘制出按钮的形状，并调整形状的大小；然后为按钮填充颜色；最后标注按钮信息，如图1-13所示。

图1-13

■ 技术要点

使用"矩形工具""椭圆工具"绘制图案；
使用颜色和色值为按钮填充颜色；
使用"手绘工具"绘制形状；
使用"文本工具"添加按钮信息。

■ 操作步骤

01 运行CorelDRAW软件，单击工具栏中的"新建"按钮，在弹出的"创建新文档"对话框中设置"宽度"为50mm、"高度"为30mm，设置纸张为"横向"，单击"确定"按钮，如图1-14所示，创建一个新文档。

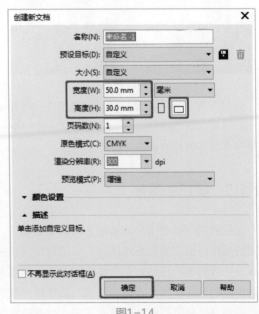

图1-14

02 在舞台左侧的工具箱中选中"矩形工具"按钮□，在工具属性栏中设置"圆角"为10mm，在舞台中绘制矩形，如图1-15所示。

图1-15

> **矩形工具使用提示**

在工具箱中选中"矩形工具"按钮□，可以在工具属性栏中提前设置矩形的角类型，如"圆角"□、"扇形角"□、"倒棱角"□，制作出的效果分别如图1-16所示。

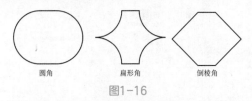

圆角　　　　　　扇形角　　　　　倒棱角

图1-16

除此之外，在矩形工具属性栏中还可以设置矩形的X/Y坐标，通过调整X/Y参数，可以精确调整矩形的位置。

通过设置"宽度"⬌、"高度"⬍的参数可以准确调整矩形的大小。

03 在工具箱中选中"选择工具"按钮▶，在舞台中选择矩形，在工具属性栏中设置矩形的尺寸，"宽度"⬌为40mm、"高度"⬍为18mm，如图1-17所示。

图1-17

> **选择工具使用提示**

"选择工具"按钮▶可以选择舞台中的任意形状，选择对象后，会出现相对应的工具属性栏参数，便于修改形状，按住Shift键可以多选形状。

使用"选择工具"选择对象后，在工具属性栏中出现选择工具的专属工具按钮："水平镜像"⬓和"垂直镜像"⬒两个工具按钮，这两个工具主要

是镜像翻转形状，如图1-18所示。

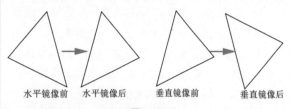

水平镜像前　水平镜像后　　垂直镜像前　　垂直镜像后

图1-18

除了"水平镜像"⬓和"垂直镜像"⬒两个工具按钮外，还有"旋转角度"↻工具。"旋转角度"↻工具可以通过输入"旋转角度"↻的数值，精确调整形状的角度，正值为顺时针旋转，负值为逆时针旋转。

使用"选择工具"按钮▶选择形状后，可以看到舞台中的形状周围出现控制点，通过调整控制点来调整形状的大小、角度和变形效果。

需要注意的是，选择不同的形状，将显示不同的选择工具的属性栏。

04 在舞台左下角的颜色和色值中双击"轮廓笔"按钮◊，在弹出的"轮廓笔"对话框中设置"宽度"为"无"，如图1-19所示。

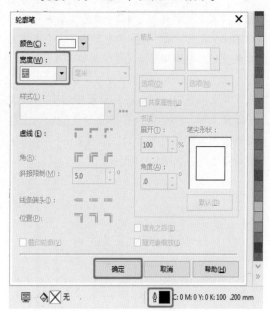

图1-19

> **"轮廓笔"对话框使用提示**

在"轮廓笔"对话框中可以设置形状的轮廓属性，包括颜色、样式、虚线、角度、箭头等。

05 在舞台左下角的颜色和色值中双击"编辑填充"按钮 ，弹出"编辑填充"对话框，设置填充类型为"渐变填充" ，选择第一个渐变的"色标"按钮 ，设置其色块 的CMYK值为7、4、4、0；选择另一个"色标"按钮，设置其色块 的CMYK值为10、6、6、0，如图1-20所示。

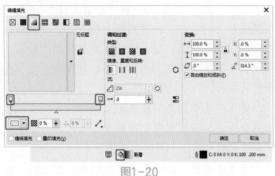

图1-20

▶ **"编辑填充"对话框使用提示**

在"编辑填充"对话框顶端可以选择填充类型："无填充" 、"均匀填充" 、"渐变填充" 、"向量图样填充" 、"位图图样填充" 、"双色图样填充" 、"底纹填充" 、"POSTScript填充" ，选择填充类型后，会出现相应的参数设置，根据实际情况进行调整即可。

06 设置渐变填充后，可以在工具箱中选中"交互式填充工具"按钮 ，在填充渐变的形状上会看到控制渐变的手柄，通过调整控制手柄来调整渐变效果，如图1-21所示。

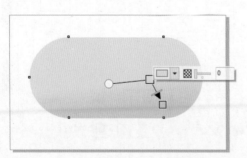

图1-21

07 选择形状，然后在菜单栏中选择"编辑>复制"命令，复制形状。继续在菜单栏中选择"编辑>粘贴"命令，粘贴形状到当前形状中，在工具属性栏中填充缩放的百分比参数，

最后设置其填充为镜像填充，再调整其填充效果，如图1-22所示。

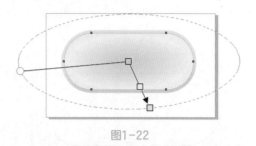

图1-22

操作提示

复制和粘贴命令的快捷键分别为Ctrl+C和Ctrl+V，熟练掌握快捷键可以提高工作效率。

08 使用"椭圆工具"按钮 绘制一个圆，如图1-23所示。

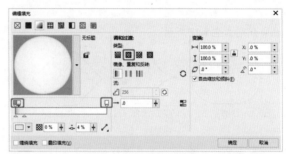

图1-23

09 双击"编辑填充"按钮 ，弹出"编辑填充"对话框，在其中设置渐变，如果如图1-24所示。

图1-24

操作提示

在设置渐变的渐变条上，双击可以添加色标，选择色标可以对其颜色、透明度和位置进行调整。

10 填充渐变后还可以调整渐变，以及调整圆的位置，如图1-25所示。

图1-25

11 复制并粘贴圆，然后选择圆，在工具属性栏中填充缩放的百分比参数，效果如图1-26所示。

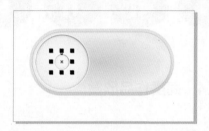

图1-26

12 对复制出的小圆重新填充，设置填充为黑色到红色的渐变效果，如图1-27所示。

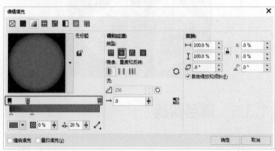

图1-27

13 在工具箱中单击 "手绘工具" 按钮 🖊，在小圆上绘制高光区域，如图1-28所示。

图1-28

14 设置高光区形状的轮廓为无，并设置填充为半透明的白色，再设置合适的填充透明度即可；使用 "文本工具" 按钮 字，在按钮的空白处输入文本，如图1-29所示。

图1-29

实例拓展

创建出按钮后，可以复制出按钮，对按钮进行修改，调整按钮的外观，如图1-30所示。

图1-30

★★★★
1.3 商业案例——游戏按钮设计

1.3.1 设计思路

扫码看视频

■ 案例类型

本案例是一款手机应用水果连连看软件的按钮设计项目。

■ 设计背景

该手机游戏是一款新颖的颜色艳丽的软件，整体界面卡通元素较多，元素的饱和度也较高，客户希望以绿色、红色和黄色三个主色调来创意，如图1-31所示为客户在网络上自己搜索的意向图。

图1-31

■ 设计定位

根据该公司提供的意向图，以及需要的颜色，初步可以确定主题色调为绿色、红色和黄色，我们将以其他接近这三种颜色的鲜艳颜色作为辅助色，制作一个接近水果形状和效果的水晶按钮。

1.3.2 配色方案

小游戏的初始界面非常重要，按钮搭配生动的形象会给人带来活泼和休闲的效果，而对于游戏本身而言就是给人们带来快乐和放松的一种方式，可以起到解压的效果。

■ 主色

在本案例中我们将以红色为主色，绿色和黄色为辅助色；红色给人以积极、热烈、喜庆等心理效果，且红色还会导致大量的激素急剧升高，促进人体血液循环，引人兴奋。

■ 辅助色

辅助色这里我们选择的是绿色和黄色，绿色作为红色的补充色，缓和红色带来的强烈视觉效果，且有"红花配绿叶"的主要原则，红色与绿色是绝配，所以我们选择的辅助色为绿色；黄色是比较幼稚而天真的色彩，适合小朋友的感官。

■ 其他配色方案

颜色鲜艳且适合小游戏的界面按钮有许多，也可以使用其他的饱和度较高，符合整体氛围的按钮。如图1-32所示为优秀的配色方案。

图1-32

1.3.3 形状设计

颜色确定之后，形状是另一个重要因素，在小游戏的设计过程中切勿使用棱角分明的按钮，棱角分明的按钮表达的概念会让人觉得严肃，所以不适合游戏按钮。在本案例中我们将采用随性流畅的形状，使人看到会觉得轻松些，如图1-33所示。

图1-33

1.3.4 同类作品欣赏

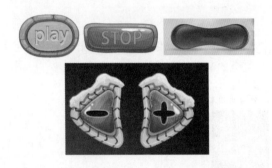

1.3.5 项目实战

■ 制作流程

本案例首先绘制出按钮的形状，并对绘制的形状进行细节修饰；然后绘制其他装饰素材；最后调整颜色，如图1-34所示。

图1-34

■ 技术要点

使用"钢笔工具""椭圆工具""艺术笔工具"绘制图案；

使用"选择工具""形状工具"修饰调整图案；

使用颜色和色值为按钮填充颜色；

使用"文本工具"添加按钮信息。

■ 操作步骤

图1-35

① 运行CorelDRAW软件，单击工具栏中的"新建"按钮 ，在弹出的"创建新文档"对话框中设置"宽度"为50mm、"高度"为50mm，设置纸张为"横向" ，设置"颜色模式"为RGB，单击"确定"按钮，创建一个新文档。

② 在舞台左侧的工具箱中选中"钢笔工具"按钮 ，在舞台中绘制形状，使用"形状工具"按钮 调整形状，如图1-35所示。

③ 在窗口有色的调色板中设置一个合适的颜色，单击鼠标左键可以填充单击的颜色，右击颜色可以设置为轮廓。

④ 复制并调整形状，如图1-36所示，重新填充，并设置轮廓为"无"。

图1-36

钢笔工具使用提示

"钢笔工具"是一款功能强大的绘图工具。使用钢笔工具配合形状工具可以制作出复杂而精准的矢量图形。选中工具箱中的钢笔工具，会显示其属性栏，如图1-37所示。在画面中单击可以创建尖角的点以及直线，而按住鼠标左键并拖动即可得到圆角的点以及弧线。

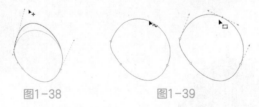

图1-37

在绘制如图1-35所示的形状时，按住鼠标左键拖动可以创建出圆角点的弧线，多次拖动则可创建出圆弧的按钮形状。

形状工具使用提示

"形状工具"是一种调整形状的常用工具。使用该工具调整图形形状时，需要单击要调整的点，出现控制手柄后，通过拖动手柄来改变形状。如图1-38所示为调整形状的控制手柄，双击可以删除和添加点，如图1-39所示为添加的点。

图1-38　　　　图1-39

⑤ 绘制并填充如图1-40所示的高光区域。

图1-40

06 使用"椭圆工具"按钮○绘制装饰圆，如图1-41所示。

图1-41

调色板的使用提示

默认调色板位于绘图舞台的右侧，可以将其拖曳出来，作为浮动的泊坞窗，如图1-42所示。

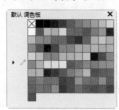

图1-42

使用调色板的方法非常简单。创建形状，且形状处于选中状态时，单击需要填充的颜色，要记住是左键单击，即可填充单击的颜色，如图1-43所示。右击需要的颜色，可以设置为轮廓色，如图1-44所示。如果想要填充为空白，只需左键单击"无"；如果不需要轮廓，只需右键单击"无"即可。

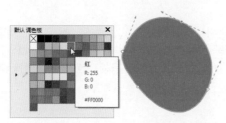

图1-43

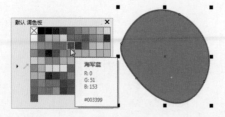

图1-44

07 使用"椭圆工具"按钮○绘制高亮颜色，使用"选择工具"调整其位置、宽度以及角度，如图1-45所示。

图1-45

08 使用"文本工具"字，创建注释文本，设置其为较暗的颜色，作为最底部的文本，如图1-46所示。

图1-46

09 选择文字，按Ctrl+C和Ctrl+V组合键，复制并粘贴文本到当前位置，稍微向右移动复制出的文本，稍稍提亮该文字的颜色，如图1-47所示。调整颜色时可以使用编辑填充来调整其颜色。

图1-47

10 使用同样的方法继续复制并调整文本，作为最上方的文本，如图1-48所示，制作出稍有立体感的字体效果。

图1-48

11 与绘制按钮主体形状的操作相同，绘制出按钮底部的装饰树叶，如图1-49所示。

图1-49

12 对树叶进行复制，鼠标右击相应的树叶，在弹出的快捷菜单中选择"顺序"命令，调整树叶的上下关系；最后使用"艺术笔工具"↖，绘制出另外的两个根须的效果，如图1-50所示。

图1-50

▶ 艺术笔工具的使用提示

"艺术笔工具"↖可以绘制出多种预设效果、笔刷样式、喷涂图案以及书法笔触和压力笔画。如图1-51所示为艺术笔工具属性栏。

通过设置其属性可以绘制出多种多样的艺术效果，读者可以亲自尝试，就不详细叙述了。

图1-51

1.4 商业案例——立体按钮设计

1.4.1 设计思路

扫码看视频

■ 案例类型

本案例是一款立体按钮设计项目。

■ 项目诉求

本案例的应用方向是机械类的按钮设计项目。根据诉求，制作要简单明了些，想要一些透明反射较强的材料制作，需要方形的按钮。如图1-52所示为客户比较喜欢的按钮效果。

图1-52

■ 设计定位

根据该公司的要求，我们将按钮定义为一个正方形按钮，根据其意向图我们将定义按钮的主色调为红色，根据这些构思来制作一款立体的按钮效果。

1.4.2 配色方案

在机械中各种按钮都是非常重要的，所以要根据其内容来设置主题色调。

■ 主色

主色选择红色的原因是，红色容易引起人们的注意，因此许多警告标记中都会用红色的文字或图像来表现。例如在红绿灯中红色表示停止；红色还被看成流血、危险、恐怖的象征色，如图1-53所示。

图1-53

■ 辅助色

辅助色会使用黑色，以及高光的模拟白色。

■ 其他配色方案

红色、黄色、绿色的按钮因为纯度较高，所以适用于机械产业。如果不是在机械行业中使用的立体按钮，配色还有许多种样式都是比较不错的。如图1-54所示为优秀的配色方案。

图1-54

1.4.3 形状设计

形状上还是以客户的要求为主，设计一款方形的按钮，且方形代表安宁、稳固、安全等，它是熟悉和值得信任的形状，意味着诚实可信，所以正方形也很符合机械方面的按钮使用。

1.4.4 同类作品欣赏

1.4.5 项目实战

■ 制作流程

本案例首先绘制按钮的形状；然后设置渐变填充以及轮廓效果；最后添加按钮文字注释，如图1-55所示。

图1-55

■ 技术要点

使用"矩形工具""贝塞尔工具"绘制按钮的形状；

使用"对象属性"泊坞窗填充和调整对象颜色

和轮廓；

转换位图，设置图像的羽化效果；

使用"文本工具"添加按钮信息。

■ 操作步骤

01 运行CorelDRAW软件，单击工具栏中的"新建"按钮，弹出"创建新文档"对话框，在其中设置"宽度"为100mm、"高度"为100mm，设置纸张为"纵向"，设置"颜色模式"为RGB，设置"渲染分辨率"为300dpi，单击"确定"按钮，创建一个新文档，如图1-56所示。

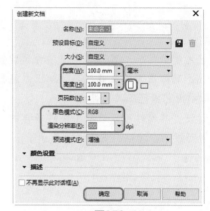

图156

02 在舞台中使用"矩形工具"绘制矩形，如图1-57所示。

图1-57

03 创建矩形后，在工具属性栏中设置宽度和高度分别为40mm、41.306mm，如图1-58所示。

图1-58

04 确定矩形处于选中状态，在"对象属性"泊坞窗中选中"填充"按钮，切换到"填充"面板，设置填充为"渐变填充"，从中设置渐变色，可以在渐变色条上双击添加一个色标，从中设置暗红、深红色、浅红色的渐变，如图1-59所示。

05 在工具箱中选中"交互式填充工具"，单击填充渐变色的矩形，通过调整方向箭头可以改变填充的方向，调整矩形的中心点，可以调整渐变的中心位置，如图1-60所示。

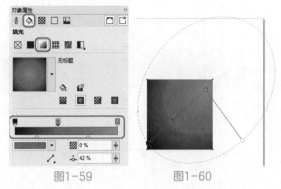

图1-59　　　　　　图1-60

06 使用"选择工具" ⬚，选中填充后的矩形，按Ctrl+C和Ctrl+V组合键，复制并粘贴矩形。选择复制后的矩形，在"对象属性"泊坞窗中修改其渐变填充为深暗红到暗红再到深暗红的渐变，如图1-61所示。

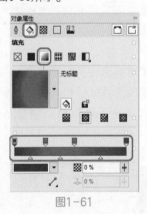

图1-61

"对象属性" 泊坞窗填充渐变的使用提示

"对象属性"泊坞窗可以根据选择的内容不同而不同。这里我们主要介绍填充渐变。选择图像之后，在"对象属性"泊坞窗中选中"填充"按钮 ◇，在"填充"面板中可以看到填充的类型，包括"无填充" ⊠、"均匀填充" ■、"渐变填充" ▨、"向量图样填充" ▦、"位图图样填充" ▨、"双色图样填充" ▯六种填充方式。

- "无填充" ⊠：设置图像填充为无。
- "均匀填充" ■：显示出相应的"填充"面板命令，设置填充为单色填充，如图1-62所示。
- "渐变填充" ▨：从中可以设置渐变填充参数，如图1-63所示。
- "向量图样填充" ▦：从中可以选择向量图像，并调整其向量参数，如图1-64所示。

- "位图图样填充" ▨：从中可以选择使用文件中的图案，也可以使用自带的图案，并通过下列参数来设置合适的效果，如图1-65所示。
- "双色图样填充" ▯：可以通过选择图样，并设置图样的两种颜色和合适的参数，如图1-66所示。

图1-62

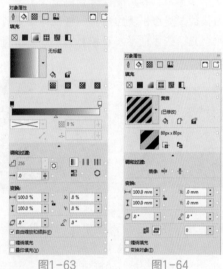

图1-63　　　　　　图1-64

图1-65　　　　　　图1-66

07 调整填充后，在工具属性栏中对其进行缩放，并使用"交互式填充工具" ◇调整渐变填充效果，如图1-67所示。

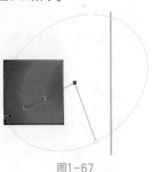

图1-67

等比例调整图像大小的提示

使用"选择工具" ▚在舞台中选择图像，可以看到图像的四周都出现控制点，将鼠标放置到左上角的控制点，按住鼠标移动控制点即可等比例调整图像的大小，如图1-68所示。

图1-68

除了可以在舞台中调整图像的大小之外，在工具属性栏中还可以设置矩形的尺寸以及"缩放因子"的比例参数，如图1-69所示。

| X: 139.231 mm | 27.076 mm | 100.0 % |
| Y: 39.524 mm | 24.871 mm | 100.0 % |

图1-69

08 使用"贝塞尔工具" ✐，绘制如图1-70所示的形状，作为立体图像的厚度。

图1-70

09 继续使用"贝塞尔工具" ✐绘制分割线，如

图1-71所示。

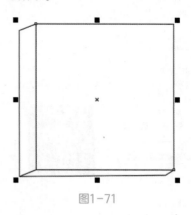

图1-71

贝塞尔工具的绘制提示

选中"贝塞尔工具" ✐后，在舞台中通过单击第一点确定图像的起始位置，然后依次单击第二点、第三点、第四点……直到与第一点重合即可创建闭合的图像。如果是当前图像创建完成，可以选择其他工具来结束创建。

10 使用"智能填充"工具 ◒填充如图1-72所示的图像的颜色为暗红色到深红色的渐变，并使用"交互式填充工具" ◇，调整渐变的角度和位置。

图1-72

交互式填充工具使用提示

"交互式填充工具" ◇的出现使得填充变得更加灵活，选中"交互式填充工具" ◇后，选择需要调整的填充图像，可以看到其非常丰富的填充工具，如图1-73所示，可以通过选择这些填充类型来改变填充效果。

图1-73

本例中椭圆的填充为渐变，选中"交互式填充工具"按钮◇，在舞台中选择填充渐变后的椭圆，可以看到出现了一个控制手柄和一个箭头，以及一个中心点；填充是从中心点向箭头方向进行填充的渐变颜色，如图1-74所示，可以选择中心点或箭头，对其颜色和透明度进行更改；同时调整控制点，也可以更改渐变的角度，如图1-75所示。

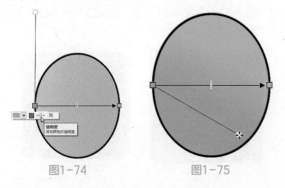

图1-74　　　　　图1-75

智能填充工具使用提示

"智能填充工具"◢可以为任意的闭合区域填充颜色并设置轮廓。与其他填充工具不同，智能填充工具仅填充对象，它检测到区域的边缘并创建一个闭合路径，因此可以填充区域。例如，智能填充工具可以检测多个对象相交产生的闭合区域，即可对该区域进行填充。

11 使用同样的方法填充另外一个闭合图形渐变，如图1-76所示。

图1-76

12 使用"贝塞尔工具"✐，创建如图1-77所示的图形，下面将设置其效果为高光。

图1-77

13 选择创建的高光图形，在"对象属性"泊坞窗中选中"透明度"按钮▦，跳转到"透明度"面板中，设置透明度为"渐变透明度"▣，在渐变条中选择左侧的色标，设置透明度为94%，有色的色标透明度为22%，如图1-78所示。

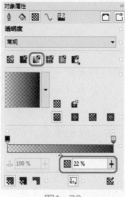

图1-78

透明度填充使用提示

在"对象属性"泊坞窗中选中"透明度"按钮▦，即可跳转到"透明度"面板中，在其中可以设置一些透明度，如无透明度、均匀透明度、渐变透明度、向量图样透明度、位图图样透明度、双色图样透明度，选择任意一种透明度即可进入到对应的面板中，且显示相应的参数，读者可以尝试调整，这里就不详细介绍了。

14 使用"贝塞尔工具"✐，创建如图1-79所示的图形。

15 选择创建的图形，在菜单栏中选择"位图>转换为位图"命令，在弹出的"转换为位图"对话框中设置合适的参数，然后单击"确定"按钮，如图1-80所示。

图1-79

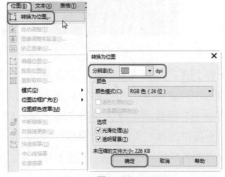

图1-80

> **转换为位图的好与坏**

　　转换为位图的好处是可以使用所有修改位图的特效和命令，坏处就是位图是一种失真的图像，若将图像保存为矢量图，转换为位图的图像会受到影响，产生像素不高的模糊效果。

⑯ 在菜单栏中选择"位图>模糊>高斯式模糊"命令，如图1-81所示。

图1-81

⑰ 在弹出的"高斯式模糊"对话框中设置"半径"为12像素，单击"确定"按钮，设置位图的模糊效果，如图1-82所示。

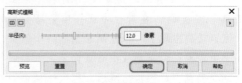

图1-82

⑱ 模糊后的图像效果如图1-83所示。

⑲ 使用"贝塞尔工具"，创建如图1-84所示的图形。

图1-83

图1-84

⑳ 在菜单栏中选择"对象>将轮廓转换为对象"命令，如图1-85所示，可以将轮廓转换为可填充的图形对象。

㉑ 选择转换为对象的图形，在"对象属性"泊坞窗中选中"透明度"按钮，切换到"透明度"面板中，设置填充的透明度为77%，如图1-86所示。

图1-85

图1-86

22 在中间的小矩形上侧和右侧创建线，设置其颜色为白色，并将其转换为对象，调整其透明度的渐变填充，如图1-87所示。

图1-87

23 创建左侧和下侧的线，设置其颜色为黑色，在"对象属性"泊坞窗中设置合适的轮廓参数，如图1-88所示。

图1-88

24 选择较小的矩形图形，调整其颜色为较暗的红色，如图1-89所示。

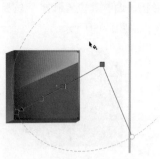

图1-89

25 选择"文本工具" 字，在舞台中创建文本，作为注释，如图1-90所示。

图1-90

26 选中"阴影工具" ，在舞台中为文本拖曳出阴影，在工具属性栏中设置阴影颜色为红色，如图1-91所示。

图1-91

27 创建填充后，在工具属性栏中设置阴影的参数，如图1-92所示。

图1-92

28 在工具箱中选中"轮廓图工具" ，在舞台中文本的附近上方，单击鼠标左键拖曳，创建出合适的轮廓，如图1-93所示。

图1-93

29 在工具属性栏中设置合适的轮廓参数，如图1-94所示。

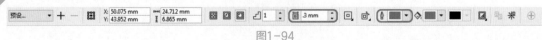

图1-94

30 创建形状，调整其位置和排列位置，作为按钮的影子，如图1-95所示。

图1-95

★★★★
1.5 优秀作品欣赏

第 2 章

标志设计

标志（Logo，又称标识）是生活中人们用来表明某一事物特征的记号。标志使用最易识别和记忆的形状和符号进行设计，才能设计出符合市场、符合大众的标志。本章主要从标志设计的含义、标志的类型、标志设计的表现形式、标志的形式美法则等方面来学习标志设计。

2.1 标志设计概述

标志是表明事物特征的记号。它以单纯、显著、易识别的物像、图形或文字符号为直观语言，除表示什么、代替什么之外，还具有表达意义、情感和指令行动等作用。

标志是以区别于其他对象为前提而突出事物特征属性的一种标记与符号，是一种视觉语言符号。它以传达某种信息，凸显某种特定内涵为目的，以图形或文字等方式呈现。既是人与人之间沟通的桥梁，也是人与企业之间形成的对话。在当今社会，标志成为一种"身份象征"，穿越大街小巷，各种标志映入眼帘，即使是一家小小的商铺也会有属于它自己的标志。标志的使用已经成为一种普遍的行为，如图2-1所示。

图2-1

2.1.1 什么是标志

标志在原始社会中就体现出来了。标志的使用可以追溯到上古时代的"图腾"，如图2-2所示。那时每个氏族和部落都选用一种认为与自己有特别神秘关系的动物或自然物像作为本氏族或部落的特殊标记（即称之为图腾），后来就作为战争和祭祀的标志，成为族旗、族徽。国家产生以后，又演变成国旗、国徽。无论是国内还是国外，标志最初都是采用生活中的各种图案的形式，可以说它是商标的萌芽。如今标志的形式多种多样，不再仅仅局限于生活中的图案，更多的是以所要传达的综合信息为目的，成为企业的"代言人"，如图2-3 所示。

图2-2　　　　　　　图2-3

标志就是一张融合了对象要表达的所有内容的标签，是企业品牌形象的代表。其将所要传达的内容以精练而独到的形象呈现在大众眼前，成为一种记号而吸引观者的眼球。标志在现代社会具有不可替代的地位，其功能主要体现在以下几点。

1. 功用性：标志的本质在于它的功用性。经过艺术设计的标志虽然具有观赏价值，但标志主要不是为了供人观赏，而是为了使用。标志是人们进行生产活动、社会活动必不可少的直观工具。

2. 识别性：除隐形标志外，绝大多数标志的设置就是要引起人们注意。因此色彩强烈醒目、图形简练清晰，是标志通常具有的特征。

3. 保护性：为消费者提供了质量保证，为企业提供了品牌保护的功能。

4. 多样性：标志种类繁多、用途广泛，无论从其应用形式、构成形式、表现手段来看，都有着极其丰富的多样性。

5. 艺术性：标志的设计既要符合实用要求，又要符合美学原则，给予人以美感，是对其艺术性的基本要求。

2.1.2 标志的构成元素

标志主要由文字、图形及色彩三个部分组合而成。三者既可单独进行设计，也可相互组合，如图2-4所示。

图2-4

标志中文字是传达其含义的直观方法，文字包含字母、汉字、数字等形式。不同文字的使用会给人带来不一样的视觉感受。如传统的汉字表达的是具有古朴文化底蕴的文化属性。不同种类的义字具有不同的特性，所以在进行标志设计时，要深入了解其特性，从而设计出符合主题的作品，如图2-5所示。

图2-5

标志中图形所包含的范围更加广泛，如几何图形、人物造型、动植物等等。一个经过艺术加工和美化的图形能够起到很好的装饰作用，不仅能突出设计立意，更能使整个画面看起来巧妙生动，如图2-6所示。

图2-6

颜色在标志设计中是不可缺少的部分。无论是光鲜亮丽的多彩颜色组合还是统一和谐的单色，只要运用得当都能使人眼前一亮并记忆深刻，如图2-7所示。

图2-7

2.1.3 标志的设计原则

在现代设计中，标志设计作为最普遍的艺术设计形式之一，不仅与传统的图形设计相关，更是与当代的社会生活紧密联系。在追求标志设计带来社会效益的同时，我们还要遵循一些基本的设计原则，从而创造出独一无二、具有高价值的标志。

1. 识别性：无论是简单的还是复杂的标志设计，其最基本的目的就是让大众识别。

2. 原创性：在纷杂的各式标志设计中，只有坚持独创性，避免与其他商标雷同，才可以成为品牌的代表。

3. 独特性：每个品牌都有其各自的特色，其标志也必须彰显其独一无二的文化特色。

4. 简洁性：过于复杂的标志设计不易识别和记忆，简约大方更易理解记忆和传播。

2.1.4 标志的类型

根据基本组成因素，标志可分为以下几类。

1. 文字标志：文字标志有直接用中文、外文或汉语拼音的单词构成的，也有用汉语拼音或外文单词的字首进行组合的，如图2-8所示。

图2-8

2. 图形标志：通过几何图案或象形图案来表示的标志。图形标志又可分为三种，即具象图形标志、抽象图形标志以及具象和抽象相结合的标志，如图2-9所示。

图2-9

3. 图文组合标志：图文组合标志集中了文字标志和图形标志的长处，克服了两者的不足，如图2-10所示。

图2-10

2.1.5　标志设计的表现形式

1. 具象表现形式：具象表现是指具体的形象表现出标志的形态，对需要表现的对象稍加处理，不失其貌地表现出其象征的意义即可，例如制作一个扒鸡美食店标志，我们只需表现出扒鸡的效果即是具象表现设计，如图2-10左图所示咖啡店的标志是一杯热腾的咖啡。

2. 抽象表现形式：抽象的表现形式是对具象的对象进行极简处理，符号或几何表现其寓意，利用简单的图形符号表现其属性所带来的感受，是易识别和记忆的，如图2-11所示。

图2-11

3. 文字表现形式：文字基本也属于具象表现，非常简单明了地展现给大家，不用刻意修饰其寓意。不同的汉字给人的视觉冲击不同，其意义也不同。楷书给人以稳重端庄的视觉效果，而隶书具有精致古典之感。文字表现形式的素材有汉字、拉丁字母、数字标志等，如图2-12所示。

图2-12

2.1.6　标志的形式美法则

标志设计是一种视觉表现的艺术形式，人们在观看一个标志图形的同时也是一种审美的过程。标志设计的形式美法则如下。

1. 反复：反复造型是指简单的图像反复且有规律地使用，从而产生整齐和强烈的视觉冲击效果，如图2-13所示。

图2-13

2. 对比：对比是标志图形取得视觉特征的途径，是指通过形与形之间的对照比较，突出局部的差异性。可通过大小、颜色、形状、虚实等产生对比，如图2-14所示。

图2-14

3. 统一：统一是标志完整的保证，是通过形与形之间的相互协调、各要素的有机结合而形成一种稳定、顺畅的视觉效果，如图2-15所示。

图2-15

4. 渐变：渐变标志是指大小的递增递减、颜色的渐变效果等，通过调整标志的渐变类型可以给人整体的层次感和空间立体感，如图2-16所示。

图2-16

5. 突破：突破是具有创新的设计，根据客户需要进行设计，并在造型上制作恰到好处的夸张和变化。这种标志一般比较个性，使得制作的标志更加引人注目，如图2-17所示。

图2-17

6. 对称：对称是指依据图形的自身形成完全对称或不完全对称形式，从而给人一种较为均衡、秩序井然的视觉感受，如图2-18所示。

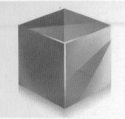

图2-18

7. 均衡：均衡标志是指通过一支点的支撑对造型要素进行对称和不对称排列，而获得一种稳定的视觉感受，如图2-19所示。

图2-19

8. 反衬：反衬是指通过与主体形象相反的次要形象来突出设计主题，使造型要素之间形成一种强烈的对比，突出重点，对观者形成强有力的视觉冲击，如图2-20所示。

图2-20

9. 重叠：重叠是指将一个或多个造型要素恰如其分地进行重复或堆叠，而形成一种层次化、立体化、空间化较强的平面构图，如图2-21所示。

图2-21

10. 幻视：幻视是指通过一定的幻视技巧如波纹、点群和各种平面、立体等构成方式而形成一种可视幻觉，使得画面产生一定的律动感，如图2-22所示。

图2-22

11. 装饰：装饰是在标志设计表现技法的基础之上，进一步地加工修饰，使得标志的整体效果更加生动完美，如图2-23所示。

图2-23

2.2 商业案例——中式古风感标志设计

2.2.1 设计思路

扫码看视频

■ 案例类型

本案例是一款中式古典的民宿标志设计项目。

■ 设计背景

民宿是具有乡村和中式风格的风俗民宿，所属环境是后面有山，前面是水的地域，环境清幽、装修古朴，意图要摒弃大都市的烦琐与压力，静心凝神体会人与自然的慢节奏生活，如图2-24所示。

图2-24

■ 设计定位

根据客户提供的环境图来看，具有山水交融、天水一色等优点，我们初步确定为一个具有古典效果的标志。代表古典效果的无非是我国的中式元素，以古典休闲的元素表现形式进行设计，初步决定使用绵延的山、曲径通幽的云、蜿

蜓的水来制作该标志。

2.2.2 配色方案

对于颜色，客户的要求是尽量不要太花哨，要尽量用蓝色的环保色，我们依据此要求来进行配色和设计。

■ 主色

主色我们需要考虑到客户的要求，主色RGB用115、134、162，满足客户的配色要求，加之设计来调整，达到协调效果即可。

■ 辅助色

辅助色采用白色，使整个标志不突兀，给人安静祥和的整体氛围。

■ 其他配色方案

客户本来要求是用蓝色，根据客户提出的色调来设计初步方案之后，又觉得蓝色太跳跃，不沉稳；最后商量用饱和度和明度都不是很高的颜色来替代，使标志给人抛去大都市的枯燥生活，安静地享受回归大自然的休闲时光，其他的配色方案还有如图2-25所示的几种。

图2-25

2.2.3 形状设计

形状采用了流畅的线条来表现，流畅的线条给人以轻松惬意、自由随和的感觉。使人们没有压力的形状如图2-26所示。

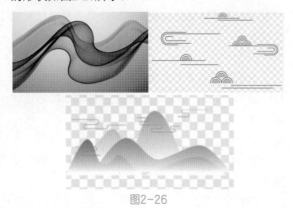

图2-26

2.2.4 版面构图

标志的整体是圆形，圆形内部设计有三个山体轮廓，是象形文字中的"山"字的基本形态，与主题"依山傍水"中的"山"相呼应。在该标志的设计中，山也作为主体和分界，上有点缀的云与月，下有主题"水"，水采用了与整体相符的流畅线条来表现。在最右侧写出本标志的名称，且最右侧伴有字母作为装饰来丰满整个设计。

2.2.5 同类作品欣赏

2.2.6 项目实战

■ 制作流程

本案例首先绘制出基础形状，并调整形状的大小；然后调整出合适的颜色；最后添加文字注释，如图2-27所示。

图2-27

■ 技术要点

使用"椭圆工具""贝塞尔工具"绘制图案；

使用颜色和色值为标志填充颜色；

使用"文本工具"添加标志信息。

■ 操作步骤

01 运行CorelDRAW软件，单击工具栏中的"新建"按钮，在弹出的"创建新文档"对话框中设置"宽度"为50mm、"高度"为30mm，设置纸张为"纵向"，单击"确定"按钮，创建一个新文档。

02 在舞台左侧工具箱中选中"椭圆工具"按钮，在舞台中按住Ctrl键，绘制正圆；绘制圆后，使用"贝塞尔工具"，绘制水的形状，如图2-28所示。

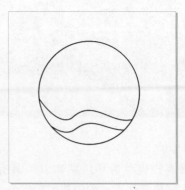

图2-28

03 继续使用"贝塞尔工具"，绘制并调整山的形状，如图2-29所示。

图2-29

贝塞尔工具绘制曲线的技巧

在使用贝塞尔工具时，按住鼠标并拖动可以创建出带有控制手柄的控制点，如图2-30所示。单击可以创建节点，默认为尖凸的节点，如图2-31所示。继续单击并拖动可以创建第三点，同样单击并拖动第三节点可以创建出有控制点的节点，如图2-32所示。

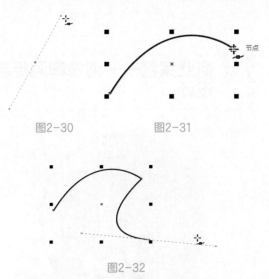

图2-30　　　　　图2-31

图2-32

如果想要将尖凸的节点转换为有控制手柄的节点，可以选中"形状工具" ，选择需要转换的节点，在工具属性栏中单击"平滑节点"按钮 ，可以使用"形状工具" 调整节点的控制点，调整出需要的形状。

④ 创建两个叠加的圆，用这两个圆来绘制出月牙效果，使用"选择工具" 选择上面的小圆，

如图2-33所示。

⑤ 按住Shift键，继续选择后面的大圆，如图2-34所示。

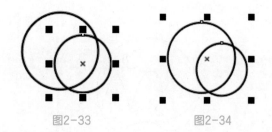

图2-33　　　　　图2-34

修剪图形工具

创建两个或两个以上的图形后，使用"选择工具" ，框选两个图形后，在工具属性栏中会出现修剪工具 。

例如我们创建两个重叠的圆，分别尝试使用这几个修剪工具得到的图像如图2-35所示。

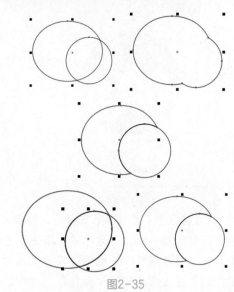

图2-35

读者可以根据情况进行使用，由于篇幅有限，这里就不一一介绍了。

⑥ 选择两个圆之后，在"选择工具" 的工具属性栏中单击"移除后面对象"按钮 ，移除后面的大圆，且修剪掉重叠的区域，如图2-36所示。

图2-36

⑦ 修剪后，移动图像到合适的位置，如图2-37所示。

⑧ 在工具箱中选中"智能填充工具" ，在工具属性栏中设置CMYK颜色为40、20、0、40，设置轮廓为

"无"，填充山后的背景以及水下的区域；设置CMYK填充色为33、17、5、0，填充水，如图2-38所示。

图2-37

图2-38

09 填充颜色后的效果如图2-39所示。

图2-39

10 使用"文本工具"按钮**字**，选择合适的字体，这里可以使用楷体，创建标题，双击选中文本，在"文本属性"泊坞窗中设置文本的填充色，并设置文本框为"垂直"，如图2-40所示。

图2-40

11 使用同样的方法创建副标题，制作完成的标志效果如图2-41所示。

图2-41

"文本属性"泊坞窗使用提示

在"文本属性"泊坞窗中可以设置文本的字体、颜色、样式、段落格式、文本框属性，由于篇幅有限，这里就不详细介绍了，读者可以尝试使用"文本属性"泊坞窗中的各个命令和工具。

2.3 商业案例——创意啤酒标志设计

2.3.1 设计思路

扫码看视频

■ 案例类型

本案例是一款啤酒的图标设计项目。

■ 设计背景

该图标是一新款的啤酒，客户的意思是标志不要设计为绿色，可以使用红色和黄色，要求设计的过程中必须要画上小麦的纹路或装饰图像，要求设计为徽章样式的效果，如图2-42所示为客户提供的意向图，希望可以采用上面的星星和圆形样式，其他可以自由设计。

图2-42

■ 设计定位

啤酒主要是以小麦芽和大麦芽为主要原料，并加啤酒花，经过一系列的程序酿造而成，所以在设计过程中必须要加的元素就是小麦图案。且根据客户提出的要求，我们初定设定为圆形标志，标志内有星星和小麦装饰，配一些较为简单的背景和圆边作为辅助装饰填充整个图标，使标志变得丰满。

2.3.2　配色方案

在配色上我们将以啤酒原色为基础进行加工和调整，如图2-43所示为啤酒的图片，根据此颜色，我们对其进行加工和调整。

图2-43

■ 主色

在本案例中我们将使用黄色加红色，并以渐变的形式表现出颜色，因为啤酒是透明的液体，所以渐变的填充颜色方式能更加生动和形象地体现出啤酒标志的效果。

■ 辅助色

辅助色用较暗的红色，主要体现在描线和背景中，使其图标的颜色更加饱满，且有吸引眼球的效果。

■ 其他配色方案

许多颜色都特别符合啤酒图标，例如橘色、黄色、黑色、绿色等，这些都符合啤酒标志的色系，

且成熟的啤酒标志有许多，可以多看多想，就能设计出较满意的配色方案，如图2-44所示。

图2-44

2.3.3　形状设计

形状根据客户要求设计原型就行，同时也可以设计椭圆或其他圆角效果。许多优秀作品都是使用圆角为基础形状来表现啤酒标志的，如图2-45所示为优秀的啤酒参考图标。

图2-45

2.3.4　同类作品欣赏

2.3.5 项目实战

- **制作流程**

本案例首先绘制出标志的形状；然后调整图像；最后添加文字注释，如图2-46所示。

图2-46

- **技术要点**

使用"椭圆工具""贝塞尔工具""星形工具"绘制标志；

使用各种工具的属性栏、"交互式填充"和"对象属性"泊坞窗来调整图像；

使用"文本工具"添加标志信息。

- **操作步骤**

01 运行CorelDRAW软件，单击工具栏中的"新建"按钮，在弹出的"创建新文档"对话框中设置"宽度"为50mm、"高度"为50mm，设置纸张为"纵向"，设置"颜色模式"为RGB，单击"确定"按钮，创建一个新文档。

02 在舞台中使用"椭圆工具" ○绘制椭圆，在绘制的过程中可以按住Ctrl键，绘制正圆，如图2-47所示。

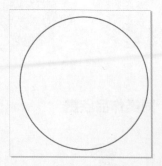

图2-47

03 使用"选择工具" ▶，选择创建的圆，在"对象属性"泊坞窗中设置轮廓粗细为3mm，设置其RGB为184、59、33，如图2-48所示。

04 在"对象属性"泊坞窗中单击"填充"按钮 ◆，在填充属性中，设置填充为渐变，并设置渐变是RGB为251、247、235到RGB为234、201、130的渐变填充，如图2-49所示。

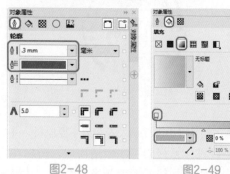

图2-48   图2-49

05 填充渐变后，在工具箱中单击"交互式填充"按钮 ◆，选择圆，可以看到渐变的中心以及控制点，通过调整中心和控制点，来改变填充的方向，如图2-50所示。

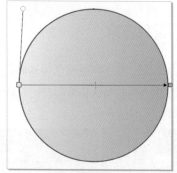

图2-50

06 在圆的中心继续绘制一个较小的圆，调整它的渐变方向，可以对圆进行复制和缩放大小的操作，这样可以节省一些时间，如图2-51所示。

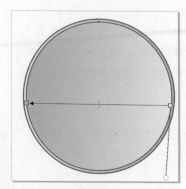

图2-51

07 复制圆，并对其进行缩放，得到如图2-52所示的效果。

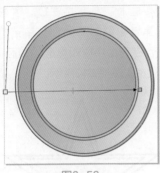

图2-52

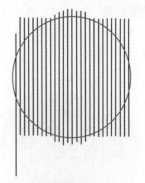

图2-54

08 选择如图2-53所示的圆，修改其填充颜色是RGB为230、180、121到RGB为220、77、85的渐变。

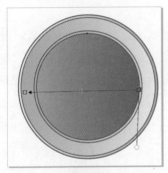

图2-53

图2-55

09 选择中间较小的圆，并对其进行复制，将其调整到舞台的外侧，我们将对其单独创建效果，设置填充为无；使用"钢笔工具" 或"贝塞尔工具" 绘制直线，如图2-54所示。

10 按住Shift键，将直线全部选中，并在菜单栏中选择"对象>将轮廓转换为对象"命令，如图2-55示。

11 确定直线在前，圆在后，并选择圆和直线，在工具属性栏中单击"移除前面对象"按钮，如图2-56所示。

图2-56

12 为修剪后的图像效果设置一个合适的颜色即可，如图2-57所示。

13 将修剪后的图像添加到舞台的标志中，作为背景装饰，如图2-58所示。

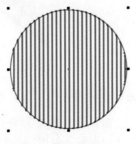

图2-57

图2-58

14 使用"钢笔工具" 🖋️ 或"贝塞尔工具" ✏️ 绘制线，尽量将线绘制为封闭的，方便填充颜色，如图2-59所示。

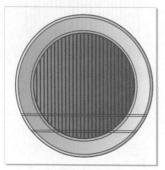

图2-59

15 填充装饰条的渐变，如图2-60所示。

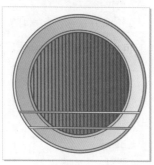

图2-60

▶ 技巧与提示

如需填充相同颜色的情况下，可以使用"颜色滴管工具"，吸取需要的颜色，这样方便重新设置颜色，也可以在"对象属性"泊坞窗中查看需要参考对象的颜色，从中对其相应的对象进行填充即可。

16 使用"钢笔工具" 🖋️ 或"贝塞尔工具" ✏️ 绘制封闭的线，并填充渐变颜色，如图2-61所示。

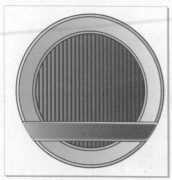

图2-61

17 单击"多边形工具"按钮 ⬡，并按住鼠标左键，将弹出隐藏的工具，从中选择"星形工具" ☆，在舞台中绘制星形，然后再复制并缩放一个星形，如图2-62所示。

图2-62

18 设置星形的填充，星形中间的制作可以使用"贝塞尔工具" ✏️ 创建线，使用"智能填充工具" 🪣 填充不同的颜色，制作出星形的立体效果，如图2-63所示。

图2-63

19 在绘制的星形后面创建一个较大的星形作为投影效果，如图2-64所示。

图2-64

▶ 技巧与提示

在制作阴影时，最后创建的图层会遮住之前创建的图形，如图2-65所示。要想将阴影图像放置到后面，可以选择图像，单击鼠标右键，在弹出的快捷菜单中选择"顺序>向后一层"命令，或按快捷键Ctrl+Page Down，如图2-66所示，将图像调整到后面的图层后，调整其位置即可实现阴影效果，如图2-67所示。

图2-65

图2-66

图2-67

20 使用"贝塞尔工具"，创建小麦简单的图形形状，设置其合适的填充和轮廓以及影子效果，如图2-68所示。

图2-68

21 使用"文本工具"，在舞台中创建文本，并设置合适的填充和阴影效果，如图2-69所示。

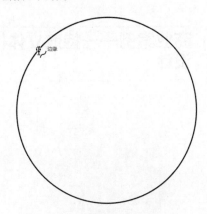

图2-69

22 在舞台中创建一个标志中小圆一样大小的椭圆，使用"文本工具"，移动鼠标放置到圆的轮廓位置，鼠标显示如图2-70所示的形状时单击插入光标。

图2-70

23 插入光标之后直接输入路径文本，如图2-71所示，并设置合适的字体和颜色。

图2-71

▶ 技巧与提示

在移动路径文字时有人就会有疑问，能不能将图2-71中的圆删掉？答案是不可以。删除椭圆便会删除了根据椭圆变形的路径文本；如果不想看到这个椭圆可以直接将路径的填充和轮廓设置为无。

24 将创建的所有图像进行组合，完成标志的制作，如图2-72所示。

图2-72

2.4 商业案例——特效立体标志设计

2.4.1 设计思路

扫码看视频

■ 案例类型

本案例是一款婴幼儿的洗护用品的标志设计。

■ 项目诉求

婴幼儿洗护用品的针对人群是孩子，在标志设计上肯定要贴切地适合婴幼儿的一些审美，婴幼儿护肤品的特点就是：安全、温和、纯正等特点。本例将取名为"天使宝贝"，每个孩子都是父母的小天使，也是捧在手心中的宝贝，所以这也更能突出婴幼儿用品的特点，如图2-73所示。

图2-73

图2-73（续）

■ 设计定位

根据产品的特点，以温馨、卡通、简单、易懂为主来设计，贴切符合消费者的心理，这样也会无形中提升用户的信任感。

2.4.2 配色方案

标志设计上我们还是使用婴幼儿可以接受的嫩粉色，还有黄色和白色，利用柔和的色系来设计。

■ 主色

主色我们使用粉色系，粉色代表了青春、稚嫩、浪漫、明媚、柔弱、性感、美好。从精神层面而言，粉色可以使激动的情绪稳定下来；从生理方面而言，可以使紧张的肌肉松弛下来。因此，案例的标志使用粉色为主色，更加符合婴幼儿产品的属性，如图2-74所示。

图2-74

■ 辅助色

标志以温馨的粉色为主色，辅助色我们也选择阳光的淡黄色，这两种颜色都是暖色系，搭配起来更能让人产生温馨欢乐的感觉。

■ 点缀色

点缀色使用了最为干净的白色，象征天真无邪的童年，使整个标志效果协调统一。

2.4.3 版面构图

我们采用了立体标志效果，并且采用了椭圆作为背景装饰，椭圆给人感觉饱满、富有张力。圆形本身对周围的空间有很强的占有欲，而且圆形一般都是视觉的重心，必须与观赏者保持一定的距离。标志中的文字都是在圆形的范围内进行设计，完全将标志的视觉中心转移到了圆形范围内。

除此之外，我们采用了可以比喻天使的一对小翅膀，寓意孩子需要享受天使般的呵护，有点卡通的意味，更能体现婴幼儿用品的效果。

2.4.4 同类作品欣赏

2.4.5 项目实战

■ 制作流程

本案例首先绘制出标志的形状；然后设置字体的立体效果；最后设置字体的轮廓，如图2-75所示。

图2-75

■ 技术要点

使用"文本工具"制作出标志的文字部分；

使用"椭圆工具"和"贝塞尔工具"绘制点缀形状；

使用"立体工具"设置字体的立体效果；

使用"轮廓图工具"设置字体的轮廓；

使用"对象属性"泊坞窗设置文本和填充的一些属性。

■ 操作步骤

01 运行CorelDRAW软件，单击工具栏中的"新建"按钮，在弹出的"创建新文档"对话框中设置"宽度"为200mm、"高度"为200mm，设置"颜色模式"为RGB，设置"渲染分辨率"为300dpi，单击"确定"按钮，创建一个新文档，如图2-76所示。

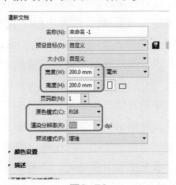

图2-76

02 使用"文本工具"字，在舞台中创建文本内容"Angle"，在"对象属性"泊坞窗中设置字体的大小为120pt，设置"均匀填充"的RGB为255、122、171，如图2-77所示。

图2-77

03 创建的字体效果如图2-78所示。

图2-78

04 在工具箱中选中"立体化工具"，在舞台中选择文本，并在文本中心的位置向下拖动出立体化框，如图2-79所示。

图2-79

05 设置出立体效果后，在工具属性栏中单击"立体化颜色"按钮，在弹出的下拉菜单中选中"使用递减的颜色"按钮，在弹出的级联菜单中设置颜色从粉色到淡黄色，如图2-80所示。

06 选择创建的立体文本效果，按Ctrl+C和Ctrl+V组合键，复制出一个立体文本，在工具属性栏中单击"清除立体化"按钮，删除立体化效果后，填充文本为深粉色，调整文本的位置，如图2-81所示。

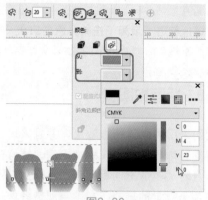

图2-80

图2-81

▶ 立体化工具的使用与提示

使用"立体化工具"，可以设置图形的立体化效果，首先我们要确定立体化的中心点，然后由中心点向需要的方向拖动出立体效果，如图2-82所示。在工具属性栏中可以设置立体效果的"立体化旋转"，在弹出的下拉菜单中可以重新设置立体化旋转的角度，如图2-83所示，在下拉菜单中单击按钮，可以通过参数来调整立体化旋转效果，单击按钮，可以清除立体化旋转参数并回到初始状态。

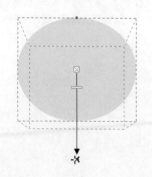

图2-82

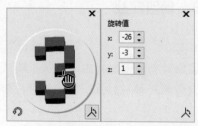

图2-83

单击"立体化颜色"按钮，在弹出的下拉菜单中可以设置立体化部分的颜色，默认为选中"对象填充"按钮，该填充类型是填充立体化部分为对象的颜色；"使用纯色"按钮，从中可以设置立体化部分的颜色；"使用递减的颜色"按钮可以设置立体化的渐变颜色，如图2-84所示。

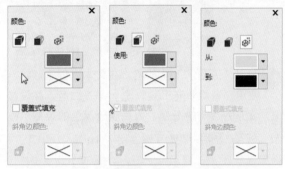

图2-84

单击"立体化倾斜"按钮，可以从中设置立体的斜角效果，如图2-85所示。

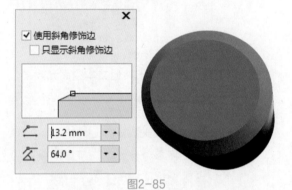

图2-85

单击"立体化照明"按钮，在弹出的下拉菜单中可以创建照明，最多可以创建三个照明，通过调整"强度"参数可以设置灯光的照明强度。

选择一个立体化对象，使用"复制立体化属性"按钮单击需要设置相同立体化的对象上，将对象的立体化复制到该对象上。

使用"清除立体化"按钮可以将设置好的立体化效果清除。

除了上述工具以外，还可以选择预设、立体化类型、灭点和深度等参数，具体的使用方法读者可以自己尝试一下。

07 使用"轮廓图工具"，设置上方文本的轮廓，如图2-86所示，设置轮廓为淡黄色。

08 使用"贝塞尔工具"绘制一个翅膀的形状，如图2-87所示。

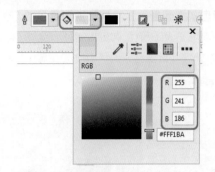

图2-86

图2-87

09 在"对象属性"泊坞窗中设置轮廓为3.0mm，设置对象的轮廓RGB为255、82、145，如图2-88所示。

10 设置轮廓的效果如图2-89所示。

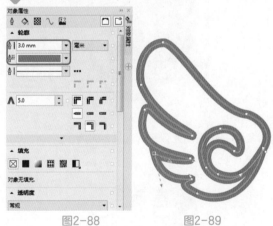

图2-88　　　　图2-89

11 使用"智能填充工具"，填充翅膀颜色，在"对象属性"泊坞窗中单击"填充"按钮，在填充属性中，设置填充为渐变，并设置渐变是由粉色到白色的渐变，如图2-90所示。

12 对形状继续复制，将其放置到翅膀的下方，创建其填充为深粉色，如图2-91所示。

图2-90　　　　　　　图2-91

13 创建形状并填充白色，设置填充为透明的渐变，如图2-92所示。

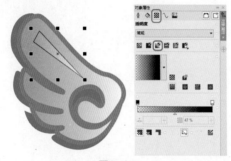

图2-92

14 设置渐变填充的轮廓为无。如图2-93所示为模拟的高光效果。

图2-93

15 复制并调整高光效果，如图2-94所示。

图2-94

16 复制翅膀，并创建文本，设置文本的轮廓，如图2-95所示。

图2-95

17 使用"贝塞尔工具" ，在文本上创建形状，使用"智能填充工具" ，填充白色，并设置填充为透明的渐变，最后删除黑色的贝塞尔线即可，如图2-96所示。

图2-96

18 使用同样的方法制作出其他文本的高光效果，如图2-97所示。

图2-97

19 使用"椭圆工具" ，创建椭圆形，使用"选择工具" ，选择椭圆，再次单击椭圆，可以看到弧形控制手柄，这种情况下可以对椭圆进行旋转，如图2-98所示。

图2-98

20 设置椭圆的填充，填充为渐变，如图2-99
所示。

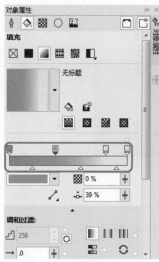

图2-99

21 填充渐变后，设置轮廓为无，并复制椭圆，将
其放置到底部，填充椭圆为灰色，作为影子，
如图2-100所示。

图2-100

22 最后可以创建一个矩形，填充渐变为灰色到白
色，作为背景，完成特效立体标志的设置，如
图2-101所示。

图2-101

★ ★ ★ ★
2.5 优秀作品欣赏

03
第 3 章
背景设计

背景设计虽然现在未被归类为广告，但背景设计的重要性大家都是知晓的，不论是网页、App、电脑壁纸、舞台、广告、画册、书籍装订等都离不开背景的辅助效果。

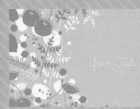

3.1 背景设计概述

背景是作为装饰配景存在的。它主要放置到主角或内容的后面，用来做装饰配景，搭配主角内容，使其画面完美和丰富，如图3-1所示，可用于PPT、简历、广告、壁纸等的设计中。虽然没有主角光环，但是也是不可缺少的配角。

图3-1

3.1.1 什么是背景

背景最好是用于舞台中，就如我们国粹京剧，京剧中的幕布、舞台都可以称之为"背景"，随着时间的演变，各种舞台也更加丰富和多样化。直至信息化时代，背景也多样化了，既可做桌面也可以做广告、灯箱、PPT、宣传单等的背景，如图3-2所示。

图3-2

3.1.2 背景的基本组成部分

背景可认为由底色、远景花纹和近景花纹组成，如图3-3所示。

背景中底部可以使用多种颜色，只要搭配合适即可。远景花纹可选择一些模糊透明的不太大且清晰的。近景必须要选择小的，且要靠边放置。

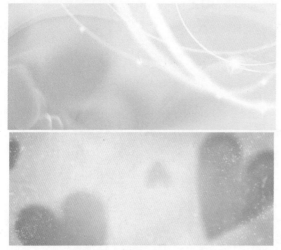

图3-3

3.1.3 背景的设计原则

首先我们来说一下背景底色或底纹的设计原则，如图3-4所示。

图3-4

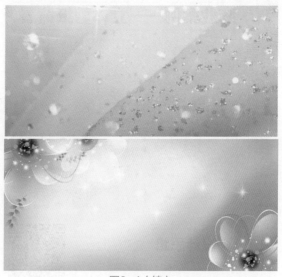

图3-4（续）

底纹常采用多种颜色，一般用渐变或模糊的多色混合背景，底纹也会处理得比近景颜色稍重，远景则模糊且颜色较淡。

除了底纹，另一个重要背景元素则是装饰，装饰可以是线条、几何体、花纹、实物。原则是较大的尽量设置为模糊透明效果，清晰的只能放置到角落，避免喧宾夺主。

3.1.4 背景的分类

背景可大致分为自然背景、科技背景、喜庆背景、浪漫背景、卡通背景、商务背景这几种背景风格。

自然背景可以使用些抽象的植物素材，并配以模糊的远景来制作。

科技背景一般金属味浓郁，其表现手法为模糊中带有锐利，常用线条或形状来表示。

喜庆背景是大家较为熟悉的，一般使用红色和金黄色来制作，当然如果添加一些喜庆的元素，红色和黄色也是可以被替换的，只要氛围制作得当即可。

浪漫背景一般会使用较为模糊的图像来表现，并配有爱心与柔和的一些素材做装饰。

卡通背景也是非常好理解的，就是使用一些手绘的方法来制作卡通背景。

商务背景一般会在选色上下功夫，通常用蓝色、灰色、绿色、橘红色来制作，加上一些几何图案就会表现出商务的效果。

3.2 商业案例——立体剪纸背景

3.2.1 设计思路

■ 案例类型

本案例是一款婚纱背景素材。

■ 设计背景

婚纱照是浪漫的表现方式之一，无论是以前还是现在，婚姻都是一种缔结关系的方式，是浪漫、纯洁的。如图3-5所示为新娘婚纱照。

扫码看视频

图3-5

■ 设计定位

由于场地有限，大多婚纱照的处理方式也跟着改变了，多使用一些抠图方式将新娘、新郎放置到不同的环境背景中。所以根据市场的不断需求，婚

纱背景模板的设计要求也越来越高了，不仅仅是简单的文字和装饰素材的添加，本案例则教大家设计一款较为流行的立体剪纸风格模板背景。

3.2.2 配色方案

作为背景来说，首要注意事项就是不要喧宾夺主，也不要过于犀利，在本案例中我们将会使用较为柔和的色调来制作背景，使用灰色调和白色以及粉色来制作。

■ 主色

主色将会以浅灰色和婚纱白来表现，使添加的婚纱照更加突出和立体，因为婚姻对于人们来说反映的是简单和纯粹，所以背景过于复杂会使婚纱照失去初衷。

■ 辅助色

辅助色我们采用的是粉色和深灰阴影色。

■ 其他配色方案

婚纱背景以灰白色为主，给人以辅助背景的感觉，背景要衬托主要图像，所以不要太过于张扬。如果想要在颜色上也贴近素材，可以尝试将标志的叶子改为绿色，花蕊改为黄色，如图3-6所示。若主角颜色较为清淡，可以采用梦幻色彩的蓝色，蓝色给人冷漠的感觉，会消磨一些过分犀利的颜色，如图3-7所示。另外还可以尝试使用其他颜色，如图3-8所示。

图3-6

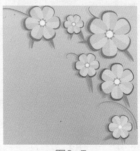

图3-7

中文版CorelDRAW商业案例项目设计完全解析

图3-8

3.2.3 形状设计

形状方面我们采用了简单大方的六瓣白花红蕊，简约地设计出本例的背景效果。同样的案例也有许多，如图3-9所示均为设计优秀的立体花背景效果。

图3-9

3.2.4 版面构图

由于制作的是婚纱照背景模板，必须要考虑婚纱照中人物素材的位置，留出空白位置方便添加素材。我们将采用压角的方式添加花纹素材，可以将花素材放置到边角处，预留的空白角添加素材后就会使整体图像变得饱满。如图3-10左下角为添加婚

纱素材的位置。

图3-10

3.2.5 同类作品欣赏

3.2.6 项目实战

■ 制作流程

本案例首先绘制背景；然后绘制花图案，填充和调整合适的颜色；最后调整和复制素材，如图3-11所示。

图3-11

02 新建文档后，在舞台中拖曳标尺辅助线，并在属性栏中调整辅助线的位置，如图3-13所示。

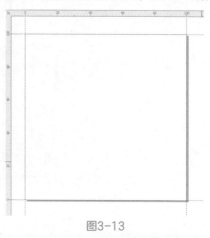

图3-13

■ 技术要点

使用"矩形工具"绘制背景；

使用"贝塞尔工具""艺术笔工具"和"复杂星形工具"绘制花图案；

使用"智能填充工具"结合"对象属性"泊坞窗设置合适的颜色；

成组、复制花元素。

■ 操作步骤

01 运行CorelDRAW软件，单击工具栏中的"新建"按钮🗗，在弹出的"创建新文档"对话框中设置"宽度"为100mm、"高度"为100mm，设置纸张为"纵向"，设置"原色模式"为RGB，设置"渲染分辨率"为300dpi，单击"确定"按钮，创建一个新文档，如图3-12所示。

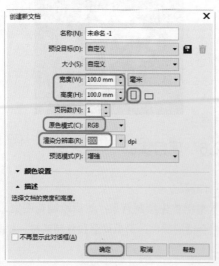

图3-12

▶ 标尺的使用提示

使用"选择工具"▶在舞台的左侧标尺处按住鼠标，拖曳到舞台中，标尺辅助线即可到舞台中。使用"选择工具"▶，在舞台中单击标尺，在工具属性栏中可以看到标尺当前所处的位置，如图3-14所示。在该属性栏中可以看到Y轴的参数处于激活状态，说明Y轴的标尺辅助线处于选择状态，调整Y的参数可以精确调整Y辅助线的位置。

图3-14

03 调整辅助线后创建舞台大小的矩形，在"对象属性"泊坞窗中设置填充为渐变，渐变的颜色由RGB为224、226、227到RGB为198、198、200的渐变，并设置渐变为"椭圆形渐变填充"▨，如图3-15所示。

图3-15

04 填充矩形为渐变后，在工具箱中选中"交互式填充"按钮 ⬧ ，调整渐变，如图3-16所示。

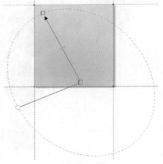

图3-16

05 矩形作为背景，在制作过程中难免会改变它。避免对其进行错误的操作，可以将其锁定。选择矩形，单击鼠标右键，在弹出的快捷菜单中选择"锁定对象"命令，如图3-17所示。

图3-17

06 使用"贝塞尔工具" ✐ ，绘制如图3-18所示的花瓣形状。

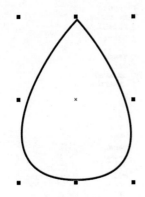

图3-18

07 在花瓣中间再次创建分割线，使用"智能填充工具" ⬧ ，在舞台中填充花瓣RGB为245、245、245的白色，如图3-19所示。

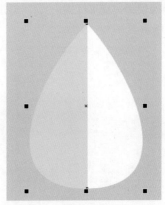

图3-19

08 填充颜色后，选择花瓣图形，按Crtl+G组合键，将对象组合。

09 组合后，复制花瓣并在工具属性栏中设置旋转角度。在舞台中设置合适的位置，选择所有的花瓣，然后复制，并填充RGB为204、200、200的颜色，制作出立体化的阴影效果，如图3-20所示。

图3-20

10 使用"复杂星形工具" ✿ ，在舞台中花的中心位置绘制花蕊，如图3-21所示。对其进行复制并填充，设置出阴影效果。

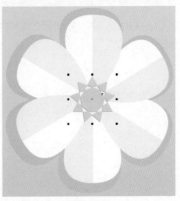

图3-21

⑪ 在花蕊处使用"椭圆工具"，创建花心，如图3-22所示。

图3-22

⑫ 对花进行复制。使用"艺术笔工具"，在工具属性栏中设置合适的参数，并在舞台中创建出叶子的效果，如图3-23所示。

图3-23

⑬ 缩小笔触，继续绘制装饰，如图3-24所示。

图3-24

⑭ 在舞台中选择鲜花和树叶素材，并进行复制，然后按Ctrl+G组合键，将选择的图像组合，如图3-25所示。

图3-25

⑮ 设置其填充为黑色，如图3-26所示。

图3-26

⑯ 填充图像后，在菜单栏中选择"位图>转换为位图"命令，将图像转换为位图，如图3-27所示。

⑰ 在弹出的"转换为位图"对话框中设置"分辨率"为300，如图3-28所示。

图3-27   图3-28

⑱ 转换为位图后，在菜单栏中选择"位图>模糊>高斯式模糊"命令，如图3-29所示。

图3-29

19 在弹出的"高斯式模糊"对话框中设置合适的模糊半径，单击"确定"按钮，如图3-30所示。

图3-30

20 在"对象属性"泊坞窗中设置透明度为"差异"，如图3-31所示。

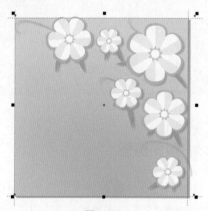

图3-31

21 调整图像的位置，如图3-32所示，完成背景效果的制作。

图3-32

22 可以通过Photoshop软件，添加一个婚纱素材，查看该背景效果，如图3-33所示。

图3-33

3.3 商业案例——情人节浪漫背景

3.3.1 设计思路

扫码看视频

■ 案例类型

本案例是一款情人节专用题材的背景。

■ 设计背景

每年的2月14日是西方的情人节，是西方国家的传统节日。而在中国，传统的七夕节，也是年轻情侣重视的节日，因此被称为中国的情人节。如图3-34所示为情人节专题优秀的设计背景图片；在情人节这天，许多商家都会以情人节的名义做一些促销活动。

图3-34

■ 设计定位

根据节日氛围以及针对的群体，在设计之初就将整体元素偏向于爱心以及浪漫的泡泡。主体元素为爱心，并以透明泡泡作为衬托，恰当地表达出浪漫的氛围，如图3-35所示。

图3-35

3.3.2 配色方案

对于情人节针对的人群来说，界面风格要突出暖暖的、浪漫的感觉。所以本案例选用给人浪漫情节的粉色，另外还配合白色，让背景图像产生温馨浪漫感。

■ 主色

粉色系，是一种非红、非白的颜色，代表甜美、温柔、可爱，一般该颜色的主题代表对象为女性。粉色系就像女孩的美梦一样，能带来恋爱运，同样粉色也代表了爱心，如图3-36所示。

图3-36

■ 辅助色

作为背景辅助色，我们将使用非红即白的颜色

来制作，使得整体背景协调统一，给人以舒适、轻松感。

■ 其他配色方案

整体效果还是以粉调为主，将粉红色换成粉紫红，也不会破坏浪漫的氛围，只是比粉红色更加犀利，如图3-37所示。采用比较清新的浅绿色，会给人带来清新的感觉，缺少了浪漫的感觉，违背了我们设计的初衷，如图3-38所示。

图3-37

图3-38

3.3.3 版面构图

在版面构图上，我们将采用远景透明的泡泡来陪衬，中间部分可以多放置一些，四周可以少一点，这样可以使得泡泡由中心向远处飘过来，更加有立体感，且使用由中心向外的白粉渐变，更具立体效果。可以在背景的四周设置一些圆形状，制作出虚拟的圆作为装饰效果。最后可以添加主角心形图案，如图3-39所示。

图3-39

中文版CorelDRAW商业案例项目设计完全解析

3.3.4 同类作品欣赏

图3-40（续）

■ 技术要点

使用"矩形工具"绘制背景；

使用"贝塞尔工具"和"椭圆工具"绘制心形和圆；

使用"对象属性"泊坞窗填充合适的颜色；

使用"文本工具"创建注释。

■ 操作步骤

01 运行CorelDRAW软件，单击工具栏中的"新建"按钮 ，在弹出的"创建新文档"对话框中设置"宽度"为100mm、"高度"为50mm，设置纸张为"横向"，设置"原色模式"为RGB，设置"渲染分辨率"为300dpi，单击"确定"按钮，创建一个新文档。

3.3.5 项目实战

■ 制作流程

本案例首先绘制背景；然后绘制心形和圆，填充和调整合适的颜色；最后添加文字注释，如图3-40所示。

02 新建文档后，在舞台中拖曳标尺辅助线，并在属性栏中调整辅助线的位置。在舞台中使用"矩形工具" 创建与舞台大小相同的矩形，并设置浅粉色到深粉色的渐变填充，如图3-41所示。

图3-40

图3-41

03 调整矩形的位置，并选择矩形，在工具属性栏中设置X、Y分别为0mm和50mm，并设置其中心点为左上角，如图3-42所示。

| X: .0 mm | 100.0 mm | 100.0 % |
| Y: 50.0 mm | 50.0 mm | 100.0 % |

图3-42

04 使用"交互式填充工具" 调整渐变，如图3-43所示。

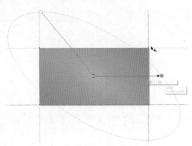

图3-43

05 选择背景矩形，单击鼠标右键，在弹出的快捷菜单中选择"锁定对象"命令，如图3-44所示。

图3-44

06 使用"椭圆工具"○在舞台中创建椭圆，如图3-45所示。

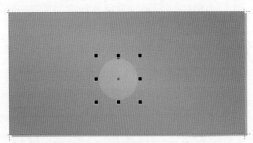

图3-45

07 在"对象属性"泊坞窗中选中"透明度"按钮▨，在"透明度"面板中，设置合适的透明度即可，如图3-46所示。

图3-46

08 在舞台中对圆进行复制，并随意调整其大小，如图3-47所示。

图3-47

09 使用"贝塞尔工具"✎创建心形，设置白色和红色两个颜色，并调整其位置，如图3-48所示。

图3-48

10 创建圆，填充为"无"，设置轮廓为白色，复制并填充浅紫色作为影子，复制并调整圆线框图，如图3-49所示。

图3-49

11 最后使用"文本工具"字，创建文本内容，如图3-50所示，这样，情人节背景就制作完成了。

图3-50

3.4 商业案例——开业背景设计

3.4.1 设计思路

扫码看视频

■ **案例类型**

本案例是一款开业海报的背景。

■ **项目诉求**

开业是每个店最为重要的事情。开业一般是指涉及经济领域的某项经济活动的开始。开业普遍用于取得工商行政管理部门许可后，经过一番筹备，具备经营活动场所等必备条件后，开始从事生产、经营的第一个工作日。或者把择日举行开业典礼的那一天，定为正式开业，如图3-51所示。

图3-51

■ **设计定位**

根据开业特点，开业背景采用具有代表性的光

芒效果。这种效果代表了希望，并配合一些装饰元素，包括云彩、气球等装饰素材，使其更添喜庆色彩；最重要的是背景的重要地方还应留白，用来填写一些重要信息，如图3-52所示。

图3-52

3.4.2 版面构图

背景的整体结构属于整体均匀填充构图方式，版面中所有的内容都相互协调，画面版式统一，在版面均匀的方式中制作出开业喜庆的氛围。

也可以采用倾斜法构图方式，将元素以一个方向进行倾斜摆放。倾斜的方式比较有趣味性，可运用在一些有童趣的商店或网店开业海报背景中。

3.4.3 配色方案

本案例的颜色选择一些积极向上的色彩作为主色，白色和其他一些彩色则作为辅助色。

■ **主色**

主色我们选择阳光般的黄色。黄色象征着光明、正义、阳光。黄色给人眼前一亮的感觉，并且黄色也象征和代表少年积极向上的性格特征，如图3-53所示。

图3-53

■ 辅助色

　　白色是一种包含光谱中所有颜色光的颜色，通常被认为是"无色"的。白色的明度最高，无色相。白色在当下代表纯洁。白色往往使人联想到冰雪、白云、棉花，给人以光明、质朴、纯真、轻快、恬静、整洁、雅致、凉爽、卫生的感觉，象征着和平与神圣。

■ 其他配色方案

　　除了使用黄色来制作开业背景外，还可以使用红色和白色来搭配制作开业背景；或使用橘红色来替换黄色制作背景，如图3-54所示。

图3-54

3.4.4 同类作品欣赏

3.4.5 项目实战

■ 制作流程

　　本案例首先绘制背景；然后绘制气球、云彩和留白；最后设置合适的填充颜色，如图3-55所示。

图3-55

■ 技术要点

　　使用"矩形工具"绘制背景；

　　使用"贝塞尔工具"和"椭圆工具"绘制气球、云彩和留白；

　　使用"对象属性"泊坞窗和"智能填充工具"填充合适的颜色。

■ 操作步骤

01 运行CorelDRAW软件，单击工具栏中的"新建"按钮 ，在弹出的"创建新文档"对话框中设置"宽度"为500mm、"高度"为400mm，设置纸张为"横向"，设置"原色模式"为

RGB，设置"渲染分辨率"为300dpi，单击
"确定"按钮，创建一个新文档，如图3-56
所示。

图3-56

02 创建一个与舞台相同大小的矩形，在"对象属
性"泊坞窗中设置填充的RGB为255、225、0，
如图3-57所示

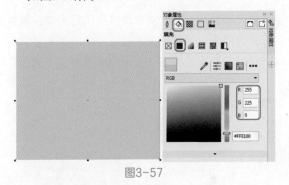

图3-57

03 使用"椭圆工具" ◯，在舞台中创建椭圆，如
图3-58所示。

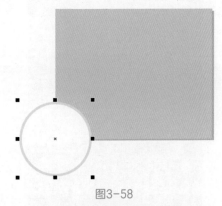

图3-58

04 在舞台中复制并调整椭圆，如图3-59所示。

图3-59

05 选择所有的椭圆，在工具属性栏中单击"焊
接"按钮 ，合并图像，如图3-60所示。

图3-60

06 焊接后的图像如图3-61所示。

07 再创建一个与舞台相同大小的矩形，如图3-62所示。

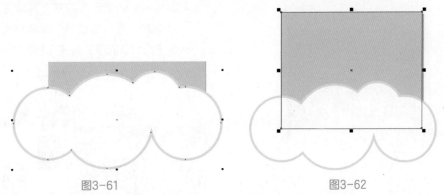

图3-61   图3-62

08 在舞台中选择第二个矩形和焊接后的图形，在工具属性栏中单击"移除后面对象"按钮 ，如图3-63
所示。

09 将作为背景的矩形填充为白色，上面修剪后的矩形填充为原背景的黄色，如图3-64所示。

图3-63

图3-64

⑩ 复制修剪后的矩形，将底下修剪后的矩形填充为亮黄色，并调整两个修剪后的矩形形状和位置，如图3-65所示。

图3-65

⑪ 使用"贝塞尔工具" ✐ 创建如图3-66所示的线。

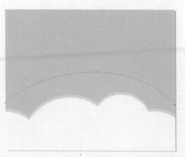

图3-66

▶ 技巧和提示

在绘制如图3-66所示的线时，必须要将点焊接

到两侧的线上。在创建时，当出现"边缘捕捉"时单击鼠标，创建控制点。移动鼠标到另一侧的线上捕捉边缘后单击，创建控制点。然后调整线的形状即可，这样创建出的线可以使用"智能填充工具" ⛁ 对下方的区域进行填充。

⑫ 使用"智能填充工具" ⛁ 填充如图3-67所示的图像。

图3-67

⑬ 填充图像后，在"对象属性"泊坞窗中设置填充为渐变，设置渐变为接近白色的黄到鹅黄，使用"交互式填充"按钮 ◈ 调整渐变填充的效果，如图3-68所示。

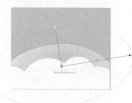

图3-68

⑭ 下面创建光芒效果。使用"贝塞尔工具" ✐，创建如图3-69所示的图形，并填充为白色。在"对象属性"泊坞窗中设置填充为渐变，设置透明度为21%的渐变，如图3-69所示。

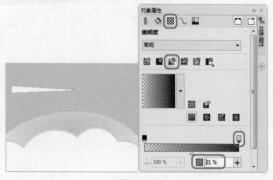

图3-69

15 对图形进行复制，并调整其位置和角度，如图3-70所示。

图3-70

旋转复制的提示技巧

在舞台中创建一个图形。创建图形后使用"选择工具" ![]将其选中，选中后再次单击对象，这时候图像周围出现了旋转的双向箭头，如图3-71所示。中间的小圆圈是旋转中心点，单击旋转中心点并按住拖动，可以将其移动到我们想要的任何位置，如图3-72所示。旋转中心点移动好后，直接将鼠标放在旋转双向箭头上，然后单击鼠标并按住不放，旋转到合适的角度后，单击鼠标右键即可，如图3-73所示。

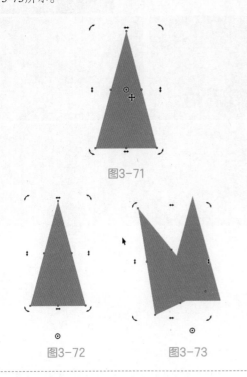

图3-71

图3-72　　　　图3-73

16 将复制出的光芒全部选中，并按Ctrl+G组合键，将其组合。组合后复制出一组光芒，对其进行旋转，调整出如图3-74所示的效果。

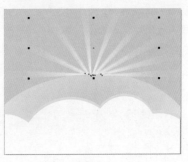

图3-74

17 在舞台中创建椭圆来模拟云朵，并复制创建的椭圆，效果如图3-75所示。

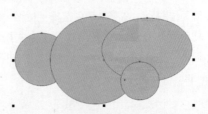

图3-75

18 选择所有的椭圆，在工具属性栏中单击"焊接"按钮![]，焊接图形，填充白色，并设置轮廓为无。在舞台中复制调整后的云朵效果，设置两个半透明的云朵，如图3-76所示。

图3-76

19 在舞台中使用"贝塞尔工具" ![]创建如图3-77所示的线，设置线的轮廓为白色，并设置其为较粗的效果。

图3-77

20 选择创建的线，在菜单栏中选择"位图>转换为位图"命令，在弹出的"转换为位图"对话框中使用默认参数，单击"确定"按钮，如图3-78所示。

图3-78

21 转换为位图后，在菜单栏中选择"位图>模糊>高斯式模糊"命令，在弹出的"高斯式模糊"对话框中设置合适的模糊参数，如图3-79所示。

图3-79

22 使用同样的方法，创建椭圆，并将其转换为位图，设置其模糊参数后放置到中间位置，如图3-80所示。

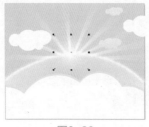

图3-80

23 最后使用"椭圆工具" ○ 、"贝塞尔工具" ✎ 结合"对象属性"泊坞窗设置其填充，创建出气球图像。选择气球图像，按Ctrl+G组合键，

将气球图像组合，并对气球进行复制和修改，如图3-81所示。

图3-81

24 至此，开业背景就设计完成了。

3.5 优秀作品欣赏

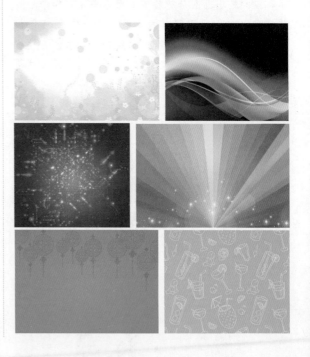

中文版CorelDRAW商业案例项目设计完全解析

04

第 4 章

名片设计

名片的产生主要是为了交往，通过名片可以认识对方，是自我介绍的最快最有效的方法。特别是近几年随着经济的发展，信息也开始发达，用于商业活动的名片成为市场的主流。通常人们的交往方式有两种，一种是朋友间交往，另一种是工作间交往，由此成为名片分类的依据。

本章将主要从名片的常见类型、组成部分、常见尺寸、构图方式以及后期特殊工艺等方面学习名片的设计。

4.1 名片设计概述

在一张小小的卡片上记录了持有者的姓名、职业、工作单位、联系方式等，这就是名片，名片是一种向外传播的媒体。除了在名片上印有自己的资料外，还可以标注企业资料，如企业LOGO、地址以及企业的业务内容和领域。

名片是每个人生活、工作以及学习中都不可分离的一种信息方式，名片以其持有者的形式传递企业、个人业务等信息，很大程度上方便了我们的生活。

4.1.1 名片的常见类型

根据名片的作用，名片分为以下类型。

1. 个人名片。个人名片是朋友间交流感情、结识新朋友所使用的。在该类名片中主要标识了持有者的姓名、职位、单位名称、联系方式等信息，以传递个人信息为主要目的，如图4-1所示。

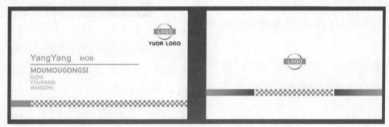

图4-1

2. 公用名片。公用名片是政府或社会团体在对外交往中所使用的。名片的使用不是以盈利为目的。该类名片中有标志，部分印有对外服务范围，没有统一的印刷格式。名片印刷力求简单实用，注重个人头衔和职称，名片内没有私人家庭信息，主要用于对外交往与服务，如图4-2所示。

图4-2

3. 商用名片。该类名片主要以企业形象为主，是以推销企业为主的一种系统名片。名片常使用标志、注册商标，印有企业业务范围。大公司有统一的名片印刷格式，使用较高档的纸张。名片上没有私人家庭信息，主要用于商业活动，如图4-3所示。

图4-3

4.1.2 名片的基本组成部分

名片的组成部分是指组成名片的各种素材，一般是指标志、图案、持有人的信息等。这些素材都有自己的作用，如图4-4所示。

图4-4

1. 标志。在名片中一般都会以公司的形象LOGO来制作，并且将标志LOGO放置到最显眼的地方。

2. 图案。图案的设计是一个重要的环节，图案在一张名片上具有吸引注意力的作用，引导读者视线转移到方案上。

3. 信息。将视线吸引之后，读者才会注意名片上的内容，内容就是持有人或公司的信息了，注意这些信息一定要简明扼要。

4.1.3 名片的常用尺寸

名片标准尺寸：90mm×54mm、90mm×50mm、90mm×45mm。

但是要加上出血，上下左右各2mm，所以制作尺寸必须设定为：94mm × 58mm、94mm×54mm、94mm×49mm。

横版：90mm×55mm<方角>、85mm×54mm<圆角>，如图4-5所示，横版是最常见的一种名片尺寸类型。

图4-5

竖版：50mm×90mm<方角>、54mm×85mm<圆角>，竖版是最近几年比较流行的一种名片尺寸，如图4-6所示。

图4-6

方版：90mm×90mm、95mm×95mm。

折卡式：它是一种较为特殊的名片形式，国内常见的折卡名片尺寸为90mm×108mm，欧美常见的折卡名片尺寸为90mm×100mm，如图4-7所示。

中文版CorelDRAW商业案例项目设计完全解析

图4-7

　　如果成品尺寸超出一张名片的大小，请注明您要的正确尺寸，上下左右也是各2mm的出血。色彩模式应为CMYK，分辨率为350dpi以上。

4.1.4　名片的构图方式

　　名片的版面空间较小，需要排布的内容相对来说比较格式化，所以在版面的构图上需要花些心思，使名片更加与众不同。下面就来了解常见的构图方式。

　　1. 左右构图。标志、文案左右明确分开，但不一定是完全对称，如图4-8所示。

图4-8

　　2. 椭圆形构图。椭圆形构图是指信息方式和背景图像是以椭圆形的方式进行布置的，如图4-9所示。

图4-9

　　3. 半圆形构图。如图4-10所示，标志、主题、辅助说明文案构成于一个圆形范围内。

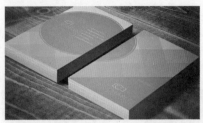

图4-10

　　4. 对称构图。对称构图包括左右对称和上下对称，如图4-11所示。

图4-11

　　5. 不对称轴线形构图。该构图是最为灵活的一种方式，可以任意放置信息和标题等内容，如图4-12所示。

图4-12

　　6. 斜角构图。这是一种强有力的动感构图，主题、标志、辅助说明文案按区域斜着放置，如图4-13所示。

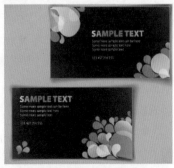

图4-13

7. 三角形构图。三角形构图是指主题、标志、辅助说明文案构成相对完整的三角形的外向对齐的构图。

8. 稳定形构图。画面的中上部分为主题和标志，下面为辅助说明，这种构图方式比较稳定，如图4-14所示。

图4-14

9. 中心形构图。标志、主题、辅助文案以画面中心点为准，聚集在一个区域范围内居中排列，如图4-15所示。

图4-15

4.1.5　名片的制作工艺

为了使名片更吸引眼球，在印刷名片时往往会使用一些特殊的工艺，例如模切、打孔、UV、凹凸、烫金等，来制作出更加丰富的效果。

1. 模切工艺。品牌个性的表达来自时尚，塑造独特主张的名片印刷就是多边裁剪，可以别出心裁

创意设计，完全让您尽情想象发挥，夸张的表现让任意客户都会立刻记忆，这是一种趋向完美的高档名片设计。 此工艺往往使名片非常新颖，是一些追求新颖、创意人士的理想选择，如图4-16所示。

图4-16

2. 打孔。打孔一般为圆孔和多孔，多用于较为个性化的名片设计制作。打孔的名片充分满足了视觉需要，具有一定的层次感和独特性，如图4-17所示。

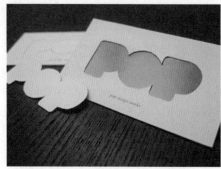

图4-17

3. UV工艺：利用专用UV 油墨在UV 印刷机上实现UV印刷效果，使得局部或整个表面光亮凸起。UV 工艺名片突出了名片里的某些重点信息，并且使得整个画面呈现一种高雅形象，如图4-18 所示。

图4-18

4. 凹凸工艺：名片图形的凹凸能够达到视觉精致的感觉，尤其针对简单的图形和文字轮廓，能增加印刷图案的层次感。这种方法多用于印刷品和纸容器的印后加工，如用于名片、商标、烟包、纸盒、贺年卡等的装饰，使之获得生动美观的立体感，如图4-19所示。

图4-19

图4-20

5. 烫金工艺：局部烫金、烫银，闪烁着耀眼的贵族气息，局部烫金在名片中应用恰当能起到画龙点睛的作用，其中有金色、银色、镭射金、镭射银、黑色、红色、绿色等各种样式，如图4-20所示。

4.2 商业案例——个性黑色名片设计

4.2.1 设计思路

扫码看视频

■ 案例类型

本案例是一款电器销售公司的名片设计项目。

■ 项目诉求

作为一款个性的黑色名片，针对名片的服务公司为电器类，我们将主题放置到金属质感方面，在设计上可以简约一些，重点是需要展现企业的特点，如图4-21所示。

图4-21

■ 设计定位

本实例是一种企业名片的制作。为了表现电器行业，在名片的设计上采用了渐变效果，用来模拟金属的渐变光泽，除了表现行业外，还要展现出行业的内涵。我们以简约生动的版面搭配金属色，展现行业的厚重感，如图4-22所示。

图4-22

4.2.2 配色方案

本案例采用几乎接近黑色的深灰和浅灰色，搭配金属黄色来制作，展现企业的形象和稳重感。

■ 主色

主色我们使用的是接近黑色的深灰色。黑色是一种很强大的色彩，它庄重而高雅，而且可以让其他颜色突显出来。黑色背景，常常会在商业卡片中看到，但是在网站中，我们也会常常看到，而且看起来非常引人注目。

■ 辅助色

辅助色我们采用了金属黄。金属黄是一种材质色，是一种略深的黄色，是表面极光滑（镜面）并呈现金属质感的黄色。带有光泽，是金属金的颜色。金色，是一种最辉煌的光泽色，更是大自然中至高无上的纯色，它是太阳的颜色，代表着温暖与幸福，也拥有照耀人间、光芒四射的魅力。自古以来，黄金的价值赋予金色以满足、奢侈、装饰、华丽、高贵、炫耀、神圣、名誉及忠诚等象征意义。

■ 其他配色方案

配色也可以采用蓝的金属色。蓝色是一种冷色，加上光泽的渐变也可以体现出金属颜色，同样蓝色还是商务中较为常用的颜色，如图4-23所示。

图4-23

4.2.3 版面设计

本案例采用的构图方式为稳定构图，将标志放置在上方，下方则显示人名、公司名称、地址、联系方式等，整个版面厚重而带有灵动。

名片的下方采用的是垂直对齐排列方式，除此之外，还可以将信息和联系人的位置调换一下，这样可以很好地表现名片的效果，如图4-24所示。

图4-24

4.2.4 同类作品欣赏

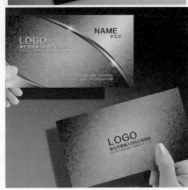

4.2.5 项目实战

■ 制作流程

　　本案例首先绘制背景；然后绘制其他图案；最

后创建文字信息，如图4-25所示。

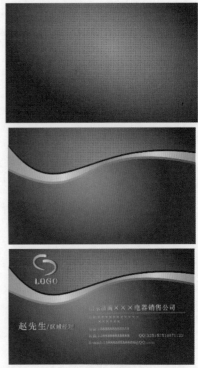

图4-25

■ 技术要点

　　使用"矩形工具"和"椭圆工具"绘制背景；

　　使用"贝塞尔工具"绘制图案；

　　使用"文本工具"添加文字信息。

■ 操作步骤

01 运行CorelDRAW软件，单击工具栏中的"新建"按钮，在弹出的"创建新文档"对话框中设置"宽度"为260mm、"高度"为260mm，设置纸张为"纵向"，设置"原色模式"为RGB，设置"渲染分辨率"为300dpi，单击"确定"按钮，创建一个新文档，如图4-26所示。

02 新建文档后，在舞台中使用"矩形工具"创建与舞台相同大小的矩形图形，如图4-27所示。

 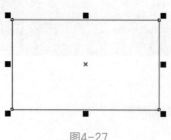

图4-26　　　　　　　　　　　　图4-27

03 创建矩形后，选中"选择工具" ，在工具属性栏中设置宽度为90mm、高度为54mm，如图4-28所示。

图4-28

04 选择矩形，在"对象属性"泊坞窗中选中"填充"按钮 ，在"填充"面板中，设置填充类型为"渐变" ，设置填充为"椭圆渐变填充" ，设置渐变从RGB为 36、36、36到RGB为130、130、130，如图4-29所示。

图4-29

05 在工具箱中选中"交互式填充工具" ，调整填充，如图4-30所示。

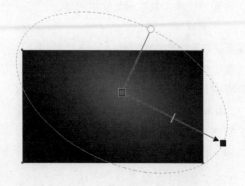

图4-30

06 在工具箱中选中"椭圆工具" ，在舞台中创建椭圆。在"对象属性"泊坞窗中设置填充类型为"渐变" ，设置填充为"椭圆渐变填充" ，设置渐变从RGB为 71、71、71到RGB为23、23、23再到RGB为5、5、5的渐变，如图4-31所示。

图4-31

▶ 添加和删除色标

　　在渐变条上默认的是两个色标，如果想在中间添加色标设置另一个颜色，如图4-31所示，只需在需要的位置的渐变色上双击，即可添加色标；如果想删除一个色标，可以双击要删除的色标，即可将其删除。

07 在舞台中选择椭圆，在工具属性栏中设置宽度为0.3mm，高度为0.3mm，如图4-32所示。

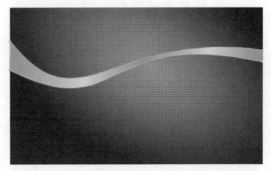

图4-32

08 如图4-33所示为创建并调整的椭圆。

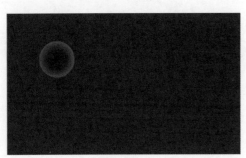

图4-33

09 选择椭圆，在"步长和重复"泊坞窗中设置"水平设置"中的"偏移"的"间距"为0.8mm；"垂直设置"为"无偏移"，设置"份数"为111，单击"应用"按钮，如图4-34所示。

10 选择复制后的所有椭圆，在"步长和重复"泊坞窗中设置"水平设置"为"无偏移"；"垂直设置"中的"偏移"的"间距"为0.8mm，设置"份数"为65，单击"应用"按钮，如图4-35所示。

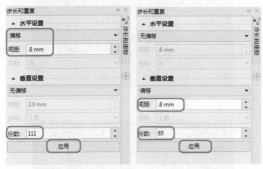

图4-34　　　　　　　图4-35

11 复制后的效果如图4-36所示。

图4-36

12 使用"贝塞尔工具" 在舞台中绘制形状，如图4-37所示。

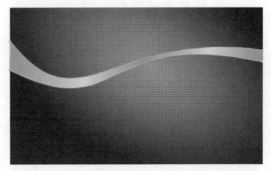

图4-37

13 在舞台中选择绘制的形状，在"对象属性"泊坞窗中选中"填充"按钮，在"填充"面板中，设置填充类型为"渐变"，设置填充为"线性渐变填充"，调整渐变为深黄金色，如图4-38所示。

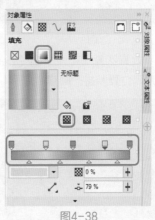

图4-38

14 复制形状，将其放置到底部，作为投影效果的模拟，如图4-39所示。

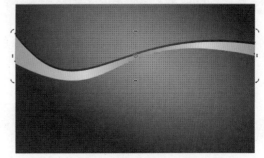

图4-39

15 选择作为阴影的图形，在"对象属性"泊坞窗中选中"透明度"按钮，在"透明度"面板中，设置透明度为45的颜色，如图4-40所示。

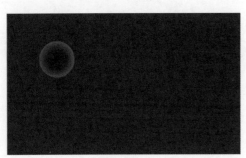

图4-40

16 创建图形，并填充深灰到浅灰的渐变，如图4-41所示。

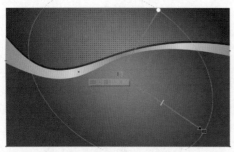

图4-41

17 为了美观，再次复制一个黄金色形状，并调整其透明度、位置和排列顺序，如图4-42所示。

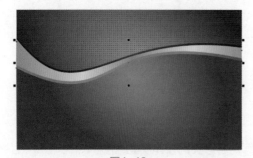

图4-42

18 在舞台中创建文本信息，然后选择文本，在"对象属性"泊坞窗中选中"字符"按钮A，在"字符"面板中设置文本颜色为"渐变填充"，如图4-43所示，单击渐变填充后的色块，打开"编辑填充"对话框。

19 在"编辑填充"对话框中设置填充文本的渐变色，如图4-44所示。

20 填充信息并调整填充色，可以复制文本，设置文本的阴影效果，如图4-45所示。

21 使用同样的方法制作出名片的背面，如图4-46所示。

图4-43

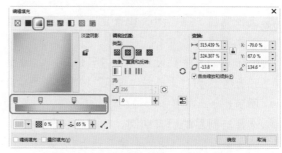

图4-44

图4-45

图4-46

名片背面制作技巧

名片的正面制作完成之后，可以复制正面的名片图像，在复制的图像基础上进行调整，这样可以既快速又准确地制作出名片的背面效果。

4.3.1 设计思路

扫码看视频

■ 案例类型

本案例是一款清新的图像传媒工作室的名片设计，是一款商业名片案例。

■ 设计背景

图像传媒工作室是一种信息化传播、科技化、设计前沿的多媒体工作室，是一种职业。图像传媒是以图像传播为媒介的职业，是一种具有视觉符码特征的非语文传播形态，图像传播学是现代传播研究中一门新的学科。

■ 设计定位

在设计之初需要与客户沟通，客户要求做出清新的简约的名片。根据客户需求，我们这里采用一款商业名片。商业名片的特点就是公司的形象和名称比较大，且在显眼的位置。其次我们想用一些有色彩的圆形来博取人们的眼球，如图4-47所示。

4.3.2 配色方案

多彩色是热情的最好配色，使用一些典型的清新颜色即可，饱和度过高会使人产生视觉疲劳的效果。

■ 色标方案

本案例采用的是白色的纯色背景，白色的背景使整个名片产生简约的效果。白色背景之外就是装饰彩色圆，避免颜色的单一，所以采用了蓝色、青色、紫色、粉色、黄色、绿色来产生一种视觉效果。而在这些装饰圆的中间我们还采用了白色的圆来作为留白，留白是为了更好地衬托公司的形象LOGO。

■ 其他配色方案

要体现清新的感觉，这里可以选择白色作为背景色，还可以使用一些其他的清新色，如黄色、绿色、蓝色，如图4-48所示。

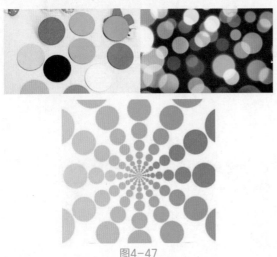

图4-47

图4-48

第4章 名片设计

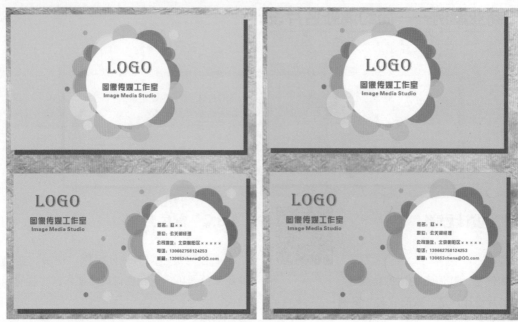

图4-48（续）

4.3.3　版面构图

　　本案例中名片的正面采用了圆形构图。利用不同大小的圆与颜色的差异构成相对完整的圆形，然后将公司形象信息摆放在其中。圆形本身就具有膨胀欲，在版面中对周边空间有很强的占有欲。文字及图形更加向内集中，版面整体饱满又富有张力。名片背面的版面空间内，将版面分为两个部分，两部分文字内容分列左上和右下两个区域内，如图4-49所示。

图4-49

　　除了上述的构图方式外，还可以使用半圆的构图方式来制作，如图4-50所示。

图4-50

4.3.4 同类作品欣赏

图4-51

4.3.5 项目实战

■ 制作流程

　　本案例首先创建名片背景；然后创建装饰彩色圆，填充和调整合适的颜色；最后添加文字注释，如图4-51所示。

■ 技术要点

使用"导入"命令导入一个背景；

使用"矩形工具"创建名片背景；

使用"椭圆工具"创建装饰彩色圆；

使用"文字工具"创建注释。

01 运行CorelDRAW软件，单击工具栏中的"新建"按钮 ⨍，在弹出的"创建新文档"对话框中设置"宽度"为200mm、"高度"为200mm，设置纸张为"纵向"，设置"原色模式"为RGB，设置"渲染分辨率"为300dpi，单击"确定"按钮，创建一个新文档，如图4-52所示。

图4-52

02 新建文档后，在菜单栏中选择"文件>导入"命令，如图4-53所示。在弹出的"导入"对话框中选择本书配备资源中的"牛皮纸.png"文件，然后单击"导入"按钮，如图4-54所示。

图4-53

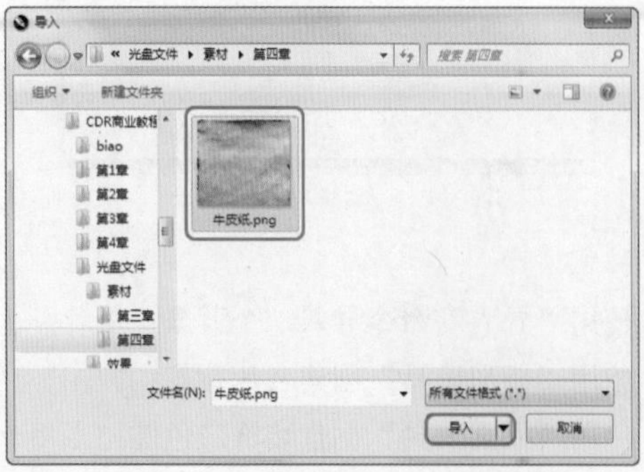

图4-54

03 导入图像到舞台中，如图4-55所示，再调整图像的大小即可。

图4-55

04 选择图像，单击鼠标右键，在弹出的快捷菜单中选择"锁定对象"命令，如图4-56所示。

图4-56

05 在舞台中使用"矩形工具" ▢ 创建矩形，如图4-57所示。

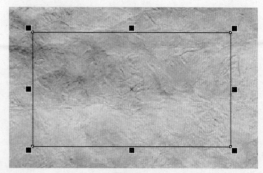

图4-57

06 选择矩形，在工具属性栏中设置矩形的宽度为96mm、高度为54mm，如图4-58所示。

中文版CorelDRAW商业案例项目设计完全解析

图4-58

07 选择矩形，在"对象属性"泊坞窗中设置填充的RGB为250、250、250，如图4-59所示，并设置轮廓为"无"。

08 复制一个矩形，将填充排列在下方的矩形颜色设置为灰色，作为影子效果，如图4-60所示。

图4-59

图4-60

09 使用"椭圆形工具" ○，创建圆形，填充颜色，并设置轮廓为"无"，如图4-61所示。

10 选择创建的圆，在"对象属性"泊坞窗中设置其填充的不透明度为50，如图4-62所示。

图4-61

图4-62

11 在彩色圆的中间创建一个无轮廓、填充为白色的圆，如图4-63所示。

12 在白色圆的中心添加信息，如图4-64所示。

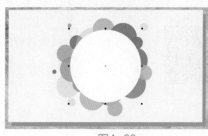

图4-63

图4-64

13 对名片正面的图像进行复制，通过修改和调整制作出背面的名片效果。如图4-65所示为完成的名片效果。

图4-65

选择所有图像提示

按住Shift键多选图像比较烦琐，若选择整个图像，可以使用框选的方法来选择所有对象，如图4-66所示，按住鼠标左键由左上向右下框选图像，在虚线框中的图像就会被选中；如果想要选择局部的一些图像，可以在舞台的空白处按住鼠标框选需要选中的图像，在虚线框中的图像就会被选中，虚线框之外的其他图像则不会被选中，如图4-67所示。

图4-66   图4-67

★★★★★
4.4 商业案例——鲜花的业务宣传名片

4.4.1 设计思路

扫码看视频

■ **案例类型**
　　本案例是鲜花店的名片设计项目。

■ **项目诉求**
　　鲜花店的名片其主题要突出鲜花来，还要重点展现公司的特点，如图4-68所示。

图4-68

■ 设计定位

在制作该实例名片时，主要突出的重点就是花，为了表现花的效果，可以大篇幅地使用花的纹理来做背景，然后添加一个纯色透明的底纹来输入一些公司的信息，如图4-69所示。

图4-69

4.4.2 版面设计

本案例采用清新的花纹来表达主要意图，整体采用中心构图法，将标志放置到名片的中心位置，名片背面则采用常用的稳定构图，将标志放置到上方，信息显示在下方，整个构图凸显了花店的名称和业务，如图4-70所示。

图4-70

4.4.3 其他方案欣赏

4.4.4 项目实战

■ 制作流程

本案例首先创建卡片背景；然后创建文本底纹；最后填充文案并调整填充，添加文字注释，如

图4-71所示。

图4-71

■ 技术要点

使用"矩形工具"创建卡片背景和文本底纹；

使用"对象属性"泊坞窗填充背景为图片、填充矩形为透明色；

使用"文字工具"创建注释。

■ 操作步骤

① 运行CorelDRAW软件，单击工具栏中的"新建"按钮 ，在弹出的"创建新文档"对话框中设置"宽度"为150mm、"高度"为150mm，设置纸张为"纵向"，设置"原色模式"为RGB，设置"渲染分辨率"为300dpi，单击"确定"按钮，创建一个新文档，如图4-72所示。

② 新建文档后，在舞台中创建与舞台相同大小的矩形，在"对象属性"泊坞窗中设置填充为浅灰色的渐变，如图4-73所示。

图4-72

图4-73

③ 设置作为背景的矩形为无轮廓，鼠标右击背景矩形，在弹出的快捷菜单中选择"锁定对象"命令，将对象锁定，如图4-74所示。

图4-74

④ 锁定背景后，在舞台中创建矩形，如图4-75所示。

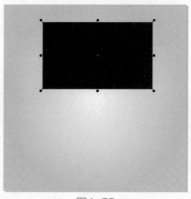

图4-75

05 使用"选择工具" ![icon]，在舞台中选择创建的矩形，在工具属性栏中设置矩形的宽度为90mm、高度为54mm，如图4-76所示。

图4-76

06 确定矩形处于选中状态，在"对象属性"泊坞窗中选中"填充"按钮 ![icon]，再选中"位图图样填充"按钮 ![icon]，在"位图图样填充"面板中单击"来自文件的新源"按钮 ![icon]，如图4-77所示。

07 在弹出的"导入"对话框中选择本书配备资源中的"花背景.png"文件，单击"导入"按钮，如图4-78所示。

图4-77 | 图4-78

08 导入图像后，在"对象属性"泊坞窗的"变换"组中设置宽度和高度参数，如图4-79所示。

09 填充图案后，在工具箱中选中"阴影工具"按钮 ![icon]，在舞台中单击矩形，并拖动其阴影效果，如图4-80所示。

图4-79 | 图4-80

▶ 阴影工具的使用技巧

在工具箱中选中"阴影工具"按钮▢，按住需要设置阴影的对象，移动鼠标会出现一个虚拟框，如图4-81所示，松开鼠标即可创建阴影，如图4-82所示。

影对象上单击可以看到中心点和箭头，移动箭头可以移动阴影的倒影方向，如图4-83所示。

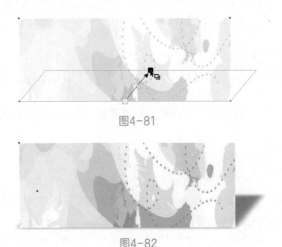

图4-81

图4-82

设置阴影之后，还可以对阴影进行调整，在阴

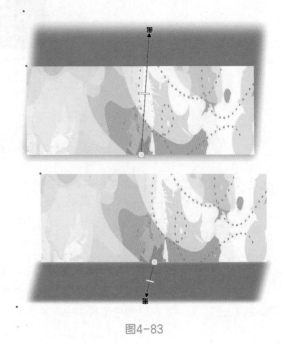

图4-83

选择倒影，在工具属性栏中同样也可以对阴影进行调整，如图4-84所示。

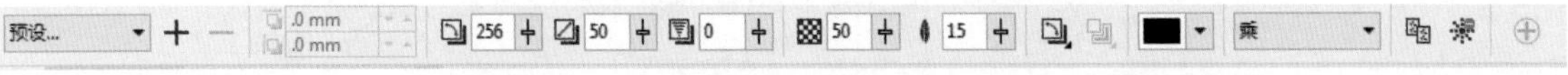

图4-84

在该工具属性栏中可以设置阴影的预设，在预设中可以选择多种预设阴影类型，还可以设置阴影的角度、延长、淡出、透明、羽化以及颜色等。

⑩ 在舞台中创建矩形，将该矩形作为文本的底纹，以免背景太过花哨影响文本效果，如图4-85所示。

图4-85

⑪ 在工具属性栏中设置矩形为圆角，并设置圆角的半径为10mm，如图4-86所示。

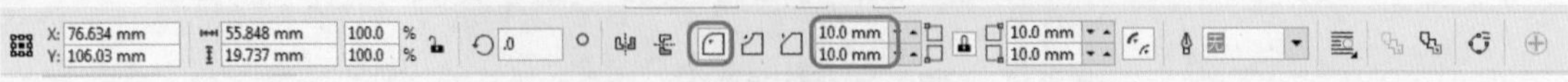

图4-86

⑫ 调整矩形后，在工具箱中选中"透明度工具"按钮▨，在舞台中选择需要设置透明度的圆角矩形，确定圆角矩形的填充为白色，并设置透明度为21，如图4-87所示。

⑬ 设置圆角矩形的轮廓为黑色，如图4-88所示。

图4-87

图4-88

14 复制圆角矩形,对其进行缩放,设置填充为"无",使用"文本工具"字添加标题,如图4-89所示,这样名片的正面效果就制作完成了。

图4-89

15 名片的正面制作完成后,可以全选名片,对其进行复制,复制出名片的背面,调整圆角矩形和LOGO的大小,如图4-90所示。

图4-90

16 继续使用"文本工具"字,添加经营项目信息,如图4-91所示。

17 添加文本,可以添加一张二维码,如图4-92所示。

图4-91

图4-92

18 至此,鲜花的业务宣传名片就制作完成了。

★★★★
4.5 优秀作品欣赏

招贴海报也称为"宣传画"，是一种吸引人注意的张贴图像，是日常生活中最为常见的广告信息传达方式之一。招贴海报的内容广泛丰富，既可以作为商业宣传，也可以作为公益用途，其艺术表现力独特、视觉冲击力强。

本章主要分析和介绍招贴海报的设计和一些相关内容。

05

第 5 章

招贴海报设计

发展

5.1 招贴海报概述

何为"招贴"，招贴的意思就是招引、吸引的张贴海报，是张贴在公共场合中吸引人们注意而进行张贴的一种广告形式，如图5-1所示。

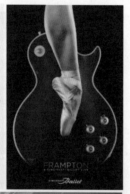

图5-1

5.1.1 认识招贴海报

招贴海报是媒体广告的一种，是用于传播信息的广告媒介形式，原张贴于闹市街头、公路、车站、机场等公共场景中，以引起人们注意的传播广告，引导大众参与广告中的活动。招贴海报最早是一则埃及的寻人广告，在我国最早的招贴广告处于宋朝，当初主要是用来张贴一些官家公告信息，这种招贴方式延续至今。招贴设计相比于其他设计而言，其内容更加广泛丰富、艺术表现力独特、创意独特、视觉冲击力非常强烈。招贴主要扮演推销员的角色，代表了企业产品的宣传形象，可以提升竞争力并且极具审美价值和艺术价值，如图5-2所示。

图5-2

图5-2（续）

5.1.2　招贴海报的常见类型

招贴海报广告按主题可分为以下三类。

1. 公益招贴海报：例如社会公益、社会政治、社会活动招贴等用以宣传推广节日、活动、社会公众关注的热点或社会现象，以及政党、政府的某种观点、立场、态度等的招贴，属于非营利性宣传。

2. 商业招贴海报：包括各类产品信息、企业形象和商业服务等，主要用于宣传产品而产生一定的经济效益，以盈利为主要目的。

3. 主题招贴海报：主要是满足人类精神层次的需要，强调教育、欣赏、纪念，用于精神文化生活的宣传，包括文学艺术、科学技术、广播电视等招贴。

5.1.3　招贴海报的构成要素

1. 图像：图像是招贴海报中重要的"视觉语言"，在绝大多数海报作品中，图像都占有重要的地位。图像具有吸引受众注意广告版面的"吸引"功能，以及把受众的视线引至文字的"诱导"功能。

2. 标志：标志在商业海报广告中是品牌的象征，标志的出现是塑造商品、企业的最可靠的象征，使消费者可以识别商品。

3. 文字：文字的使用能够直接快速地点明主题。在招贴设计中，文字的选用十分重要，应精简而独到地阐释设计主旨。字体的表现形式也非常重要，对于字体、字号的选用是十分严格的，不仅仅

要突出设计理念，还要与画面风格匹配，形成协调的版面。

4. 留白：在一般情况下，人们只对广告上的图形和文字感兴趣，至于空白则很少有人去注意。但实际上，正因为有了空白才使得图形和文字显得突出。

5.1.4　招贴海报的创意手法

1. 展示：展示法是一种最为常见的运用手法，展示是指直接将商品展示在消费者的面前，给人以逼真的现实感，使消费者对所宣传的产品有一种亲切感和信任感，如图5-3所示。

2. 联想：联想是指由某一物而想到另一事物，或是由某事物的部分相似点或相反点而与另一事物相联系。联想分为类似联想、接近联想、因果联想、对比联想等。在招贴海报设计中，联想法是最基本也是最重要的一个方法，通过联想事物的特征，并通过艺术的手段进行表现，使信息传达得委婉而具有趣味性，如图5-4所示。

图5-3　　　　　　　　　图5-4

3. 比喻：比喻是将某一事物比作另一事物以表现主体的本质特征的方法。此方法间接地表现了作品的主题，具有一定的神秘性，充分地调动了观者的想象力，更加耐人寻味，如图5-5所示。

4. 象征：象征是用某个具体的图形表达一种抽象的概念，用象征物去反映相似的事物，从而表达一种情感。象征是一种间接的表达，强调一种意象，如图5-6所示。

图5-5

图5-6

5. 拟人：拟人是将动物、植物、自然物、建筑物等生物和非生物赋予人类的某种特征，将事物人格化，从而使整个画面形象生动。在招贴设计中经常会用到拟人的表现手法，与人们的生活更加贴切，不仅能吸引观者的目光，更能拉近观者内心的距离，更具亲近感，如图5-7所示。

图5-7

6. 夸张：夸张是依据事物原有的自然属性条件而进行进一步的强调和扩大，或通过改变事物的整体、局部特征更鲜明地强调或揭示事物的实质，而创造一种意想不到的视觉效果，如图5-8所示。

图5-8

7. 幽默：幽默是运用某些修辞手法，以一种较为轻松的表达方式传达作品的主题，画面轻松愉悦，却又意味深长，如图5-9所示。

8. 讽刺：讽刺是运用夸张、比喻等手法揭露人或事的缺点。讽刺有直讽和反讽两种类型，直讽手法直抒胸臆，鞭挞丑恶；而反讽的运用则更容易使主题的表达独具特色，更易打动观者的内心，如图5-10所示。

图5-9

图5-10

9. 重复：重复是使某一事物反复出现，从而起到一定的强调作用，如图5-11所示。

10. 矛盾空间：矛盾空间是指在二维空间表现出一种三维空间的立体形态。其利用视点的转换和交替，显示一种模棱两可的画面，给人造成空间的混乱。矛盾空间是一种较为独特的表现手法，往往会使观者久久驻足观看，如图5-12所示。

图5-11

图5-12

5.1.5 招贴海报的表现形式

1. 摄影：摄影是海报最常见的一种表现形式，主要以具体的事物为主，如人物、动物、植物等。摄影表现形式的招贴多用于商业宣传。通过摄影获取图形要素，然后进行后期的制作加工，这样的招贴更具有现实性、直观性。

2. 绘画：在数字技术并不发达的年代，招贴往往需要通过在纸张上作画来实现。通过绘画所获得的图形元素更加具有创造性。绘画本身具有很高的艺术价值，在招贴设计中使用绘画的表现形式，是一种将设计与艺术完美相融的表现。

3. 电脑设计与合成：电脑设计所表现的图形元素更具原创性、独特性。既可以利用数字技术完成这个招贴画面的设计，也可以结合数码照片来实现创意的表达，是绝大多数招贴设计所采用的手段。

5.2 商业案例——冬至海报设计

5.2.1 设计思路

扫码看视频

■ 案例类型

本案例是一款公益招贴海报冬至节气的海报设计项目。

■ 项目诉求

作为一款公益性质的招贴海报，主要是推广我国的民俗节气。冬至兼具自然与人文两大内涵，既是二十四节气中一个重要的节气，也是中华民族共同的传统节日。冬至被视为冬季的大节日，在古代民间有"冬至大如年"的讲法，冬至又被称为"亚岁"，一是说明年关将近，余日不多；二是表示冬至的重要性，意思是仅亚于过年。谚语云："十月一，冬至到，家家户户吃水饺。"

古人喜贺冬至，今人虽多不以为节，但冬至再怎么说也是"年时八节"之一，吃货们还是不会放过这有着各种冬至特色美食的节日的：如北方水饺、潮汕汤圆、东南麻糍、台州擂圆、合肥南瓜饼、宁波番薯汤果、滕州羊肉汤、江南米饭、苏州酿酒等，如图5-13所示。

图5-13

■ 设计定位

本实例为冬至的招贴海报，因为冬至是冬天，为了表现冬至的氛围，所以在设计表现上采用了冬天的蓝白色调效果，并采用雪花和白色的树来表现冬天的景象。除了整体效果表现，我们还添加了代表北方的冬至美食水饺的图像，展现出冬至的特色。

5.2.2 配色方案

冬至的招贴海报我们在设计中主要使用了蓝白色，搭配中国红展现传统的节气。

■ 主色

主色使用浅浅的雾霾蓝色，近几年兴起的雾霾蓝因为天气原因而得名。雾霾蓝是一种浅蓝色带点点灰的颜色，是一种朦胧的颜色；雾霾蓝是一种看着非常干净的颜色，如图5-14所示。雾霾天近几年也频频出现，出现的季节也多为冬天，所以本案例采用雾霾蓝作为整体的主色调。

图5-14

■ 辅助色

辅助色我们采用的是白色，白色可以代表冬天的雪，冬至是最冷的时候，所以常常伴有下雪的天气。所以辅助色使用较多的白色，再使用红色来与其他颜色撞一下，红色在我们国家代表了喜庆的颜色，寓意节日的喜庆氛围。

■ 其他配色方案

配色也可以采用灰白色，灰白色也是表现冬天的一种常用色调，加上一些明亮鲜艳的配色同样也可以达到比较不错的效果。除此之外，浅绿和淡青色也可以很好地表现出冬至海报的效果，如图5-15所示。

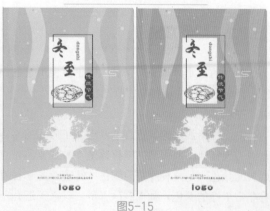

图5-15

5.2.3　版面设计

本案例采用了联想的创意手法对冬至招贴海报进行设计，整体的构体也采用均衡构图的方式进行排版，标志放置到上方，说明和LOGO放置到下方，整个构图为上下构图方式，整个背景比较丰满，所以在简单的基础上让整个画面丰满了起来，不会使人产生单调的感觉。

5.2.4　同类作品欣赏

5.2.5 项目实战

■ 制作流程

本案例首先绘制背景图案；然后设置部分颜色为透明的图像；最后创建标注和信息，如图5-16所示。

图5-16

■ 技术要点

使用"矩形工具"绘制背景颜色；

使用"贝塞尔工具""椭圆工具"绘制背景图案；

使用"导入"命令导入位图；

使用"位图颜色遮罩"命令设置部分颜色为透明的图像；

使用"快速描摹"命令，描摹位图；

使用"文字工具"创建注释文字。

■ 操作步骤

01 运行CorelDRAW软件，单击工具栏中的"新建"按钮 ，在弹出的"创建新文档"对话框中设置"宽度"为500mm、"高度"为700mm，设置"原色模式"为RGB，设置"渲染分辨率"为300dpi，单击"确定"按钮，创建一个新文档，如图5-17所示。

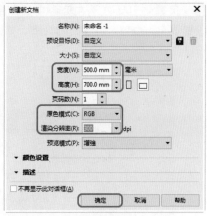

图5-17

02 新建文档后，在舞台中使用"矩形工具"创建与舞台相同大小的矩形图形，在"对象属性"泊坞窗中选中"填充"按钮 ，在"填充"面板中，设置填充类型为"渐变" ，设置RGB为159、212、220到RGB为200、231、235的渐变，如图5-18所示。

图5-18

03 在工具箱中选中"交互式填充工具" ，调整矩形的填充，如图5-19所示。

图5-19

04 使用"贝塞尔工具" 在舞台中绘制形状，并设置填充为白色，设置为无轮廓，如图5-20所示。

图5-22

图5-20

05 在菜单栏中选择"文件>导入"命令，如图5-21所示。

图5-23

图5-21

06 在弹出的"导入"对话框中选择本书配备资源中的"树.png"文件，单击"导入"按钮，如图5-22所示。

07 选择导入的图像后，返回到舞台中，在舞台中单击鼠标即可导入到点击的位置，如图5-23所示，使用"选择工具" 调整其位置。

08 在菜单栏中选择"位图>转换为位图"命令，将导入的图像转换为位图，如图5-24所示。

图5-24

09 在弹出的"转换为位图"对话框中使用默认的参数，单击"确定"按钮，如图5-25所示。

10 在菜单栏中选择"位图>位图颜色遮罩"命令，如图5-26所示。

11 弹出如图5-27所示的"位图颜色遮罩"对话框。

图5-25

图5-26   图5-27

图5-30

在CorelDRAW中的"位图颜色遮罩"是专门针对位图的，在该对话框中的"颜色选择工具" 🖊 类似PS中的魔棒工具一样，用来吸取颜色容差相近的颜色，此处可调整你需要吸取的容差值，就是相近的色，最后单击"应用"按钮可以把选中的颜色去掉。

但是，在CDR中设置的颜色遮罩非常粗糙，因为它不可以羽化。

⑭ 设置遮罩后的效果太过潦草，下面我们可以使用"快速描摹"命令，描摹一个遮罩的图像；在菜单栏中选择"位图>快速描摹"命令，如图5-31所示。

图5-31

⑫ 在"位图颜色遮罩"对话框中使用"颜色选择工具" 🖊，在位图上吸取黑色，设置滑块的参数为0，单击"应用"按钮，如图5-28所示。

⑬ 可以看到设置遮罩的位图还带有一圈黑边，可以使用"颜色选择工具" 🖊 选择灰色的边，设置滑块的参数为48，如图5-29所示，单击"应用"按钮，得到如图5-30所示效果。

图5-29

⑮ 描摹后得到如图5-32所示的效果。

图5-32

描摹位图可以为图形添加各种描边样式，还可以将粗糙的边缘变得圆滑。

---

16 使用"椭圆工具" ⬭ 创建大小不一的圆，填充椭圆为白色和白色的透明色，如图5-33所示。

图5-33

17 使用"贝塞尔工具" ✐ 在舞台中绘制形状，填充透明的白色，设置合适的透明色即可，如图5-34所示。

图5-34

18 使用"贝塞尔工具" ✐ 在舞台中绘制形状，设置轮廓为透明的白色，如图5-35所示。

图5-35

19 在舞台中使用"矩形工具" ▢ 创建矩形，填充矩形为白色，设置为无轮廓，并创建一个如图5-36所示的矩形线框，可以使用"贝塞尔工具" ✐ 创建，设置轮廓为黑色。

图5-36

20 使用"文本工具" 字，在舞台中创建文本，并设置其合适的字体效果，创建红色椭圆图形作为底纹，如图5-37所示。

图5-37

21 在菜单栏中选择"文件>导入"命令，在弹出的"导入"对话框中选择本书配备资源中的"水饺.png"文件，单击"导入"按钮，如图5-38所示。

图5-38

中文版CorelDRAW商业案例项目设计完全解析

㉒ 导入水饺图像后，将其转换为位图，设置其描摹效果，并设置其遮罩，设置背景的透明效果，如图5-39所示。

图5-39

㉓ 继续在顶和底部创建其他信息，如图5-40所示。

图5-40

㉔ 可以在文件的底部添加公司的LOGO信息，如图5-41所示。

图5-41

5.3 商业案例——开业海报设计

5.3.1 设计思路

■ 案例类型

本案例将结合前面章节的标题和背景制作一个开业海报，根据选择的标题设计海报内容，选择的标题为婴幼儿用品。

■ 设计背景

开业是指商业单位为了庆祝公司的成立、开工、开张等举行的一项隆重的礼仪性程序。

开业前期公司会准备一些宣传工作，通过发布广告、宣传品、海报等形式进行宣传，通过宣传引起公众的广泛关注。海报也属于一种宣传的公关活动，一般会安排在开业仪式之前进行海报的张贴和派发，过早或过迟都不会得到良好的效果，通常是在开业的前一周进行推广比较好宣传，如图5-42所示。

■ 设计定位

本案例将采用喜庆的氛围和适应消费群体的构图来设计海报的内容。

图5-42

图5-42（续）

5.3.2 案例分析

开业是热闹和喜庆的时刻，可以使用一些纯色较高的素材进行装饰，例如喜庆的气球、彩带等，渲染氛围就会达到应该有的效果。

■ 方案及素材

本案例采用的是第3章中制作的开业背景，该背景的色调较为统一，没有太多凌乱的装饰，整体符合本案例需要的海报背景，如图5-43所示。

图5-43

本案例采用的标题是第2章中创建的婴幼儿用品LOGO，如图5-44所示。

图5-44

可以看到标题和背景整体色调还是很搭的，在此素材的基础上我们再添加一些装饰素材和注释即可。

■ 其他配色方案

除了整体为黄色系外，还可以设置整体为红色、橘红色或者绿色等色系，其效果也是不错的，如图5-45所示。

图5-45

5.3.3 版面构图

本案例的构图方式为均匀构图，如图5-46所示，将主要信息放置到中心位置，将开业的相关内容放置到底部的空白区，标志放置到了左上角，右上角有一个实体的云彩，所以整体构图有均匀分布的效果。

图5-46

5.3.4 同类作品欣赏

5.3.5 项目实战

■ 制作流程

本案例主要使用前面制作的背景素材和标志素材，将两标题合并到海报舞台中，并创建文本、形状，通过调整，制作出艺术字和好看的形状，并添加位图作为装饰来制作出本案例效果，如图5-47所示。

图5-47

图5-47（续）

■ 技术要点

使用"文本工具"创建文本注释；

使用"转换为曲线"命令将文字转换为曲线，并调整其形状；

使用"导入"命令导入装饰位图。

■ 操作步骤

01 运行CorelDRAW软件，单击工具栏中的"打开"按钮 📂，打开前面章节中制作的开业背景和婴幼儿用品，如图5-48所示。

图5-48

02 选择标志中所有的图像，按Ctrl+C快捷键，切换到开业背景场景中，按Ctrl+V快捷键，粘贴标志到舞台中，并调整其填充和描边，如图5-49所示。

图5-49

03 调整标题到如图5-50所示的位置。

图5-50

04 使用"文本工具"字，在舞台中创建文字"新店""开业"，在"对象属性"泊坞窗中调整其大小和属性，如图5-51所示。

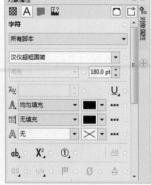

图5-51

05 选择"新店""开业"文字，在菜单栏中选择"转换为曲线"命令，如图5-52所示。

图5-52

06 转换为曲线后，文本周围出现了控制点，如图5-53所示。

图5-53

07 通过调整这些控制点来调整文本的形状，如图5-54所示。

图5-54

08 使用"智能填充工具"填充"新"字，如图5-55所示。

09 在"对象属性"泊坞窗中调整填充为浅蓝到白到浅蓝到白的"椭圆形渐变填充"，如图5-56所示。

图5-55

图5-56

⑩ 使用"交互式填充"工具 ◇ 调整渐变填充效果，如图5-57所示。

图5-57

⑪ 使用同样的方法填充"店""开"两个字，填充为黄色到白色的渐变，如图5-58所示。

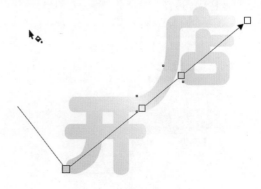

图5-58

⑫ 参考填充"新"字的方法填充"业"字，调整出文字的影子效果，影子图像填充为暗红色，如图5-59所示。

图5-59

⑬ 使用"轮廓图工具" ▣，设置其轮廓效果，设置轮廓的颜色为橘红色，如图5-60所示。

图5-60

⑭ 选择"新店开业"文字、阴影、轮廓图像，按Ctrl+G快捷键，将图像成组，在菜单栏中选择"窗口>泊坞窗>变换>倾斜"命令，打开"变换"泊坞窗，从中设置倾斜的X参数为-10、Y为10，如图5-61所示。

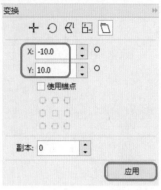

图5-61

倾斜的使用技巧

打开"变换"泊坞窗后，单击"倾斜"按钮 □，切换到倾斜设置面板，从中可以设置X、Y的倾斜角度，除此之外，可以对倾斜对象设置复制的副本数，可以复制多个，同时还可以选择锚点，如图5-62所示，单击"应用"按钮后即可以应用变换。

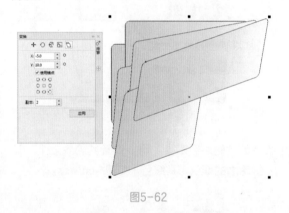

图5-62

⑮ 设置好倾斜后，调整文字到合适的位置，使用"贝塞尔工具" ✍ 绘制形状，并设置轮廓的参数，如图5-63所示。

图5-63

⑯ 复制并调整图形，如图5-64所示。

⑰ 创建并调整文字效果，如图5-65所示。

图5-64

图5-65

⑱ 调整"变换"泊坞窗中的倾斜设置面板中的参数，调整其倾斜效果，如图5-66所示。

图5-66

⑲ 创建3个三角形状，放置到如图5-67所示的位置。

图5-67

20 在工具箱中选择"星形工具"☆，在工具属性栏中设置点数为5、锐度为20，如图5-68所示。

图5-68

21 在舞台中左下角的留白处创建星形，如图5-69所示。

22 填充星形的渐变颜色，渐变为橘红色到黄色。复制并调整星形的大小和渐变，在星形上创建文字内容，如图5-70所示。

图5-69

图5-70

23 在菜单栏中选择"文件>导入"命令，在弹出的"导入"对话框中选择本书配备资源中的"礼物.png"文件，单击"导入"按钮，如图5-71所示。

图5-71

24 导入后的效果如图5-72所示。

图5-72

25 创建文本注释，调整合适的效果，并添加多个小星星，完成开业海报的制作，如图5-73所示。

图5-73

5.4 商业案例——收养流浪狗海报设计

5.4.1 设计思路

扫码看视频

■ 案例类型

本案例是呼吁社会上爱心人士收留流浪狗，避免流浪狗对城市和人们造成恶劣影响，也避免被人道毁灭。

■ 设计背景

本案例将制作一个领养流浪狗的公益海报。流浪狗是被主人抛弃的狗，被人抛弃的流浪狗不仅对城市和人们造成恶劣影响，流浪狗本身也会有仇视情绪，为了保护自己会攻击人。收容所收留一部分的流浪狗后，一段时间若没有人领养就会被予以人道毁灭，这种方式也会遭到大部分爱心人士的反抗，所以在针对流浪狗方面存在很多争议。如图5-74所示是一些流浪狗。

拯救流浪狗最有效的方法就是收养流浪狗，在更多爱心人士的保护下让狗狗生存下去。

图5-74

■ 设计定位

本案例将采用狗狗作为主角进行设计，并突出主题，简明扼要地表现海报意义。

5.4.2 配色方案

对于人类而言生命是可贵的，同样动物的生命也是宝贵的，对于流浪狗我们应该给予同情，所以在配色方面我们将采用简洁单一的配色方案，体现一种对于生命的无奈和悲伤。

■ 主配色方案

本案例采用压抑的土褐色，大面积地使用土褐色描述了整体的压抑氛围。为了使背景不显单调，我们将以纸张纹理为背景，使用明暗不同的灰褐色来营造空间感，如图5-75所示。

图5-75

为了配合整体色调，我们也使用了相同色调的了狗狗，如图5-76所示。

图5-76

■ 其他配色方案

除了整体为黄色系外，还可以设置整体为红色、橘红色或者绿色等色系，可以看到效果也是可以的，如图5-77所示。

图5-77

5.4.5　项目实战

■　制作流程

　　本案例首先导入图像素材；然后创建边框；最后创建文字注释，如图5-78所示。

图5-78

5.4.3　版面构图

　　本案例的内容并不多，主要内容凸显在标题上，所以整体较为简洁。背景采用了纸张纹理，将标题放置到上方。由于标题较大，所以我们需要将主角放置到下方，并调整至与标题大小相符，使整个构图平衡。

5.4.4　同类作品欣赏

■　技术要点

　　使用"导入"命令导入素材；
　　使用"矩形工具"创建边框；
　　使用"文字工具"创建注释。

■　操作步骤

01　运行CorelDRAW软件，单击工具栏中的"新建"按钮 ，在弹出的"创建新文档"对话框中，设置"宽度"为500mm、"高度"为700mm，设置"原色模式"为RGB，设置"渲染分辨率"为300dpi，单击"确定"按钮，创建一个新文档，如图5-79所示。

图5-79

02 新建文档后，在菜单栏中选择"文件>导入"命令，在弹出的"导入"对话框中选择本书配备资源中的"纸背景.jpg"文件，单击"导入"按钮，如图5-80所示。

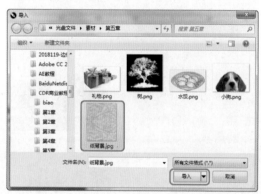

图5-80

03 导入图像后，单击图像，在图像周围出现四个角的控制点后，拖动左上角的控制点，对其进行放大，调整其大小适合整个舞台大小，如图5-81所示。

图5-81

04 在菜单栏中选择"文件>导入"命令，在弹出的"导入"对话框中选择本书配备资源中的"小狗.png"文件，单击"导入"按钮，如图5-82所示。

图5-82

05 导入图像后，调整图像周围的控制点，调整图像的大小，并调整图像到合适的位置，如图5-83所示。

图5-83

PNG文件的使用技巧

这里我们使用的.png文件是在PS中处理过的，主要是抠图，将小狗的背景去除，这样导入到舞台中就会只有小狗图像而没有背景图像，因为在CDR中去除背景稍复杂了点。为图像去除背景的操作我们前面也讲过了，所以下面我们会大量使用"导入"命令，导入一些图像。

06 在舞台中选择作为背景的纸张素材，在"对象属性"面板中设置其图像的透明度为57，如图5-84所示。设置背景的效果如图5-85所示。

图5-84

图5-85

图5-89

07 使用"矩形工具" □，在舞台中创建矩形，如图5-86所示。

10 可以将轮廓放置到纸张的后面，或者调整一下轮廓的透明度，如图5-90所示。

图5-86

08 创建矩形后，设置填充为无，设置轮廓的宽度为10mm，设置轮廓的RGB颜色为183、134、94，如图5-87所示。

图5-87

09 选择矩形，按Ctrl+D组合键，复制矩形。修改其轮廓的粗细为4mm，设置轮廓颜色的RGB为145、93、51，如图5-88和图5-89所示。

图5-88

图5-90

11 在菜单栏中选择"文件>导入"命令，在弹出的"导入"对话框中选择本书配备资源中的"回家.png"文件，单击"导入"按钮，如图5-91所示。

图5-91

12 导入文字，调整其大小和位置，如图5-92所示。

图5-92

⑬ 导入文字后，使用"阴影工具" ，调整文字的阴影，在工具属性栏中设置透明度为53、羽化为5、阴影颜色RGB为161、139、117，如图5-93所示。

图5-93

⑭ 调整阴影后的效果如图5-94所示。

⑮ 使用"文本工具" 创建一些信息和副标题，如图5-95所示。

⑯ 将矩形以及狗头像向上调整一些，将下方留白，添加一些信息，如图5-96所示。

图5-94

图5-95

图5-96

★★★★ 5.5 优秀作品欣赏

第6章

广告设计

广告是我们用来陈述和推广信息的渠道，从字面上看即为"广而告之"的一种传播信息的方式。在我们生活中有着各种各样的广告，随着信息化的不断推进，广告的数量和类型也日益增多。如何在众多广告中脱颖而出，是一件非常不容易的事情，这样就要求平面设计师们在进行广告设计时必须要了解和学习广告设计的相关内容。通过学习广告的独特创意、美观画面来引起大众的注意，以达到宣传的目的。

本章节主要分析和介绍广告设计的一些相关内容。

6.1 广告概述

广告一词源于拉丁语advetere，最初的意思是吸引人注意，带有通知、诱导、披露的意思。

6.1.1 什么是广告

广告是有计划地通过媒体向所选定的消费对象宣传有关商品或劳务的优点和特色，引起消费者注意，说服消费者购买使用的宣传方式。它是一种艺术的宣传方式，在视觉传达上占有重要的地位。从字面上理解广告即为广而告之的意思。广告设计是通过图像、文字、色彩、版面、图形等元素进行平面艺术的创意、创新，实现广告的目的和意图。

随着中国经济持续高速增长、市场竞争日益扩张、竞争不断升级、商战已开始进入"创意"时期，广告也上升到广告创意的竞争，"创意"一词成为中国广告界最流行的常用词。

创意是创新和意念的结合，在艺术创作中所有的作品要表达的思想和观点，是广告作品的核心。在广告设计中，创新为设计、意念为主题，通过两者结合创作出艺术作品，如图6-1所示。

图6-1

6.1.2 广告设计的原则

广告设计须具有创作的原创原则。随着信息化的广泛覆盖，各种版权问题日益增多，所以在广告设计过程中为避免各种侵权必须要有原创的前提条件。

广告设计具备独创性原则。所谓独创性原则是指要在设计过程中不要遵循守旧、墨守成规，要勇于标新立异、独辟蹊径。

广告设计需具备实效性原则。通过创意设计出独树一帜的广告效果，这不是目的。广告的目的是促销、传达信息，这就是广告的实效性。广告不能只达到美观效果而没有宣传的作用。

广告设计需具备可读性原则。无论多好的广告，都要使受众清楚地了解其主要表现的是什么。所以必须要具有普遍的可读性，准确传达信息，才能真正地投放市场，投向观众。

广告设计需具备关联性原则。不同的商品适用于不同的公众。所以要在确定和了解针对人群的审美情况下，进行相关广告设计。

6.1.3　广告的常见类型

广告根据内容可以分为：产品广告（见图6-2）、品牌广告、观念广告、公益广告（见图6-3）。

图6-2

图6-3

根据目的不同可以分为：告知广告、促销广告、形象广告、建议广告、公益广告、推广广告。

广告根据传播媒体的不同可以分为电视广告、广播广告、报纸广告、杂志广告、户外广告、交通广告、POP广告、直邮广告、包装广告、互联广告等，随着新媒体的不断增加，依据媒体划分的广告种类也会越来越多，如图6-4所示。

图6-4

6.1.4 广告的编排

广告的编排是确定广告中图形和文字在画面空间的位置、大小、方向、重量以及与其他元素之间的关系。

不同的创意、不同的诉求需要不同的构图，以下是常见的版面编排方式。

饱满均衡型。饱满均衡型是自上而下或由左到右对内容进行安排，使整个画面饱满丰富，如图6-5所示。

图6-5

中心聚焦型。中心聚焦型是指将重点放置到画面的中心，是一种稳定的编排方式，如图6-6所示。

图6-6

对称型。对称是指上下左右进行对称平衡的构图，如图6-7所示。

图6-7

倾斜引导型。通过曲线或动向图对主题进行引导，引导视线到主题上，如图6-8所示。

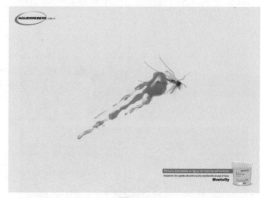

图6-8

6.2 商业案例——海边游广告

6.2.1 设计思路

扫码看视频

■ 案例类型

本案例是一个旅游宣传广告设计。

■ 项目诉求

旅游是外出旅行的一个过程，且有观光、娱乐的含义，本案例是旅游公司根据不同的季节、不同的时间来组织各种旅游路线，这次制作的主题则是夏日的海边游，如图6-9所示。

图6-9

图6-10（续）

6.2.2 配色方案

本案例在颜色的选择上以自然风光海滩为背景，选择蓝色、金色搭配。蓝色象征天空、希望、自由，是一种开心的色彩，黄色代表积极向上、充满热情。

■ 主色

案例的主色选择使用天空的蓝色。蓝色是非常纯净的颜色，表现出一种美丽、冷静、安详与广阔；非常冷静的颜色需要热情的黄色来搭配，否则蓝色会太商业化失去了度假、休闲的效果，如图6-11所示。

■ 设计定位

海边旅游度假是浪漫的一种行为，说到海边就会联想到沙滩、海浪、鸡尾酒、浪漫的海滩、明媚阳光、蓝蓝的天空、金黄色的沙滩，根据这些素材和构思来设计广告，如图6-10所示。

图6-10

图6-11

图6-11（续）

■ 辅助色

绿色是夏天的颜色，也是希望的颜色，是大自然的代表性颜色。在画面中点缀少量的绿色，可以更加明确地表现出旅游度假的主题。粉色和白色更添加了浪漫的氛围，使整个广告搭配在一起协调且富有变化。

■ 其他素材方案

画面的辅助色采用了一些贝壳和鸡尾酒。主题放置到上方的位置，这种标题可以达到醒目的目的，添加了一个彩虹色的热气球，虽然效果也不错，但是有点喧宾夺主，如图6-12所示。

另外标题底色也可以采用绿色，搭配协调即可。

图6-12

图6-12（续）

6.2.3　版面设计

版面构图属于典型的上下构图方式，主标题和辅助素材整体搭配使广告产生协调的效果，在协调的同时添加了倾斜的标题构图方式，增加了些许的灵气和趣味。

6.2.4　同类作品欣赏

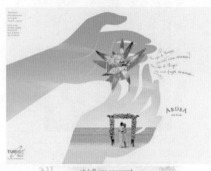

6.2.5 项目实战

■ 制作流程

　　本案例首先绘制背景，导入位图；然后创建螺纹形状；最后创建标题和信息，如图6-13所示。

图6-13

图6-13（续）

■ 技术要点

　　使用"矩形工具"绘制背景颜色；

　　使用"导入"命令导入位图；

　　使用"贝塞尔工具"创建形状；

　　使用"螺纹工具"创建螺纹形状；

　　使用"文本工具"创建注释文字。

■ 操作步骤

　① 运行CorelDRAW软件，单击工具栏中的"新建"按钮，在弹出的"创建新文档"对话框中设置"宽度"为600mm、"高度"为800mm，设置"原色模式"为RGB，设置"渲染分辨率"为300dpi，单击"确定"按钮，创建一个新文档，如图6-14所示。

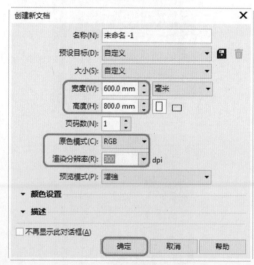

图6-14

　② 新建文档后，在舞台中使用"矩形工具"创建与舞台相同大小的矩形图形，在"对象属性"泊坞窗中选中"填充"按钮，跳转到填充面板中，设置填充类型为"渐变"，单击

"椭圆形渐变填充"按钮，设置渐变的RGB为217、217、217到RGB为242、242、242的渐变，如图6-15所示。

从中设置轮廓的宽度为10mm，颜色为白色，如图6-18所示。

图6-18

图6-15

03 在工具箱中选中"交互式填充工具"，调整矩形的填充，如图6-16所示。

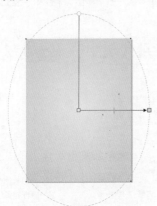

图6-16

04 使用"矩形工具"□，在舞台中绘制如图6-17所示的矩形。

图6-17

05 选择创建的矩形，在"对象属性"泊坞窗中选中"轮廓"按钮，跳转到轮廓面板中，

06 在"对象属性"泊坞窗中选中"填充"按钮，跳转到填充面板中，设置填充类型为渐变，单击"线性渐变填充"按钮，在渐变色条上双击两次，添加两个色块，设置色块的RGB。其RGB参数依次为27、106、181，93、193、225，236、229、151，235、158、54，并调整各个色块的位置，如图6-19所示。

图6-19

07 在工具箱中选中"交互式填充工具"，调整矩形的填充，如图6-20所示。

图6-20

08 在菜单栏中选择"文件>导入"命令，在弹出的"导入"对话框中选择本书配备资源中的"光芒.png"文件，单击"导入"按钮，如图6-21所示。

图6-21

09 在舞台中单击，即可放置导入的素材到当前位置，使用"选择工具" 调整其到合适的位置即可，如图6-22所示。

图6-22

10 在菜单栏中选择"文件>导入"命令，在弹出的"导入"对话框中选择本书配备资源中的"沙滩.png"文件，单击"导入"按钮，如图6-23所示。

图6-23

11 在舞台中单击，即可放置导入的素材到当前位置，使用"选择工具" 可以调整其大小和位置，如图6-24所示。

图6-24

12 在菜单栏中选择"文件>导入"命令，在弹出的"导入"对话框中选择本书配备资源中的"椰子树.png"文件，单击"导入"按钮，如图6-25所示。

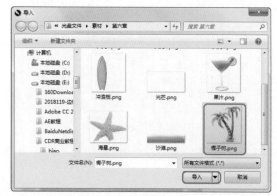

图6-25

13 在舞台中使用"选择工具" 调整素材的位置，并对椰子树进行复制，调整其大小和位置，在舞台边的位置创建矩形，使其正好遮住椰子树在渐变外的区域，如图6-26所示。

图6-26

14 选择椰子树素材，在菜单栏中选择"位图>转换为位图"命令，如图6-27所示，只有将图像转换为位图才能对图像进行移除区域的操作。

图6-27

15 使用"选择工具" 选择矩形和椰子树两个对象，在工具属性栏中单击"移除前面对象"按钮 ，如图6-28所示。

图6-28

16 移除图像后的椰子树效果如图6-29所示。

17 在菜单栏中选择"文件>导入"命令，在弹出的"导入"对话框中选择本书配备资源中的"冲浪板.png"文件，单击"导入"按钮，调整素材的位置，使用"阴影工具" ，为其设置投影，如图6-30所示。

图6-29

图6-30

18 调整好冲浪板的阴影后，对冲浪板进行复制。导入"贝壳3.png"素材，使用"阴影工具" ，为其设置投影，并对素材进行复制，如图6-31所示。

19 接着将"海星.png"素材，导入到舞台中，设置其阴影效果，对素材进行复制，如图6-32所示。

图6-31

图6-32

20 使用同样的方法导入"果汁.png"和"贝壳2.png"文件，并调整素材的位置和大小，如图6-33所示。

图6-33

21 导入"未标题-1.png"文字，如图6-34所示。

图6-34

22 导入标题后，调整标题的位置，并为其添加一些装饰的素材，如图6-35所示。

图6-35

23 使用"贝塞尔工具" 在舞台中绘制形状，并设置填充为蓝色，设置为无轮廓，如图6-36所示。

图6-36

24 在工具箱中按住"多边形工具"按钮，弹出隐藏的工具，在隐藏的工具中选择"螺纹工具"，在工具属性栏中设置"螺纹回圈"为2，设置轮廓的宽度为2mm，设置轮廓的颜色为白色，如图6-37所示。

▶ 工具箱中的隐藏工具

在工具箱中有非常多的隐藏工具，凡是工具右下角带有黑色小三角的都是有隐藏工具的，如何显示这些隐藏工具呢？只需按住鼠标左键不放，即可弹出隐藏的工具，如图6-38所示。

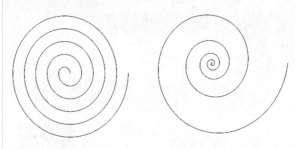

图6-37

图6-38

图6-41左图所示，还可以选择"对数螺纹"⊚，如图6-41右图所示。

图6-41

㉕ 在舞台中创建螺纹形状，如图6-39所示。

图6-39

㉖ 对螺纹素材进行复制，并为其添加装饰海星，如图6-40所示。

图6-40

螺纹工具的使用技巧

选择"螺纹工具"⊚后，在工具属性栏中可以设置螺纹参数，通过设置"螺纹回圈"⊚参数可以设置螺纹的圈数，可以选择"对称式螺纹"，如

㉗ 使用"文本工具"字，在舞台中创建文本，如图6-42所示，并在"对象属性"泊坞窗中设置文字的属性。

图6-42

㉘ 在舞台中设置矩形的影子，如图6-43所示。

图6-43

6.3.1 设计思路

扫码看视频

■ 案例类型

本案例是电商网页中的水果广告。

■ 设计背景

在我们上网时可以看到网页中有各种类型的广告，这些广告就是电商广告。有时虽然很厌烦，但也忍不住看一眼那些比较新颖显眼的广告。

■ 设计定位

本案例采用比较清新的色彩，将主要突出水果主题，因为在网页中不需要有太大幅度的占用空间，只需要突出标题即可达到广告的效果，如图6-44所示。

图6-44

6.3.2 配色方案

清新的蓝色、白色最为干净，并为了突出主题，我们需要添加一些水果的素材。

■ 主色

本案例采用清新的蓝白色作为背景，蓝色搭配白色显得干净清新，且在背景图像上又有许多小水珠，这样可以凸显新鲜的感觉，如图6-45所示。

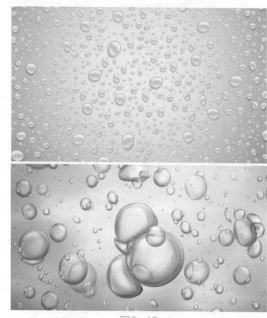

图6-45

■ 辅助素材

辅助素材我们采用了许多图像，在单调的广告页中添加了些许的生机，使其更加形象地表现出水果广告的主题。

■ 其他配色方案

比较清新的颜色还可以使用绿色和黄色来替代，如图6-46所示。绿色和黄色这两种颜色也能很好地表现出清新的效果，担心绿色和黄色会和素材的颜色有点融合，层次不明显，所以，在设置主色调时一定要避免与其他素材融合的弊端。

图6-46

图6-46（续）

6.3.3 版面构图

本案例的构图方式采用饱满均衡型，如图6-47所示。添加一些装饰素材，使整个画面饱满丰富。

图6-47

6.3.4 同类作品欣赏

6.3.5 项目实战

■ 制作流程

本案例首先导入素材，创建背景；然后绘制留白区域；最后添加文字注释，如图6-48所示。

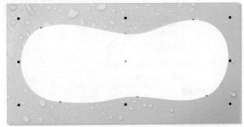

图6-48

■ 技术要点

使用"导入"命令导入素材和背景；

使用"贝塞尔工具"创建留白区域；

使用"文本工具"创建文本注释；

使用"智能填充工具"填充文字为彩色；

使用"阴影工具"设置图像的阴影。

■ 操作步骤

01 运行CorelDRAW软件，单击工具栏中的"新建"按钮，在弹出的"创建新文档"对话框中设置"宽度"为800mm、"高度"为400mm，设置"原色模式"为RGB，设置"渲染分辨率"为300dpi，单击"确定"按钮，创建一个新文档，如图6-49所示。

图6-49

02 在菜单栏中选择"文件>导入"命令，在弹出的"导入"对话框中选择本书配备资源中的"水滴.png"文件，单击"导入"按钮，如图6-50所示。

图6-50

03 导入素材后，使用"选择工具" 在导入的图像上单击，出现控制点后，调整图像的大小，符合创建的文件大小即可，并将该图像作为背景，如图6-51所示。

图6-51

04 使用"贝塞尔工具" ，在舞台中心位置创建留白区域，如图6-52所示，填充图像为白色，

轮廓为黄色。

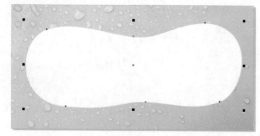

图6-52

05 在菜单栏中选择"文件>导入"命令，在弹出的"导入"对话框中选择本书配备资源中的"素材>第六章"文件夹中的水果图像，分别将这些水果导入到舞台中，如图6-53所示。

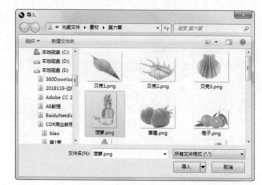

图6-53

06 在舞台中使用"选择工具" 调整素材的位置和大小，如图6-54所示。

图6-54

07 选择菠萝素材，再选择左侧中间的控制点，按住鼠标左键将其拖曳到右侧，使其图像进行翻转，如图6-55所示。

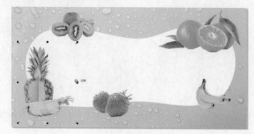

图6-55

08 调整并继续添加素材，效果如图6-56所示。

图6-56

图6-57

▶ 翻转图像的技巧

使用"选择工具"选择图像后，可以看到图像周围出现了控制点。大家都知道这些控制点是可以调整图像大小和角度的，同时也可以对图像进行翻转。如图6-57所示，按住鼠标左键拖动左侧中心的控制点，将其向右侧拖曳，可以实现水平翻转。垂直翻转则是选择上方中心的控制点，拖曳到下方，实现垂直翻转，如图6-58所示。

图6-58

在前面介绍"选择工具"时简单地介绍了它的工具属性栏，在该工具属性栏中可以使用"水平镜像"和"垂直镜像"两个工具来精确地翻转其垂直和水平效果，如图6-59所示。

| X: -55.241 mm | ↔ 421.788 mm | 100.0 % | 🔒 | ↻ .0 | ◯ | | | | | | | | | | ⊕ |
| Y: -787.446 mm | ↕ 385.405 mm | 100.0 % | | | | | | | | | | | | | |

图6-59

除了上述两种方法外，还可以通过"缩放因子"参数来翻转图像，通过设置缩放宽度后的"缩放因子"为-100时，即为水平翻转，设置缩放高度后的"缩放因子"为-100时，即为垂直翻转。

09 在舞台中选择水果，在菜单栏中选择"位图>转换为位图"命令，在弹出的"转换为位图"对话框中使用默认参数，单击"确定"按钮，如图6-60所示。

10 分别转换素材为位图后，使用"阴影工具"为舞台中的水果设置阴影效果，如图6-61所示。

图6-60

图6-61

11 使用"文本工具"，在舞台中创建文本，如图6-62所示，在属性栏中选择字体，并设置大小和颜色。

图6-62

12 创建文本后，可以使用"智能填充工具" ，填充字体，如图6-63所示。

图6-63

13 选择所有的文字填充，按Ctrl+G组合键，将填充成组，使用"阴影工具" 为文本设置阴影，如图6-64所示。

图6-64

14 使用"文本工具" ，在舞台中创建文本，如图6-65所示，在"对象属性"泊坞窗中选择合适的字体，设置下滑线，并设置文字的颜色。

图6-65

图6-65（续）

15 继续创建文字，如图6-66所示。

图6-66

16 可以发现空白太多，下面我们将添加一些装饰素材来丰满版面。在菜单栏中选择"文件>导入"命令，在弹出的"导入"对话框中选择本书配备资源中的"叶子.png"文件，单击"导入"按钮，如图6-67所示。

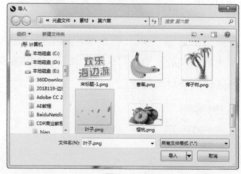

图6-67

17 导入素材后，将素材放置到空白区域，并调整其大小，如图6-68所示。

图6-68

18 复制叶子素材到另一侧，对于翻转操作可以参考前面步骤的介绍，翻转并调整素材，如图6-69所示。

图6-69

19 在菜单栏中选择"文件>导入"命令，在弹出的"导入"对话框中选择本书配备资源中的"花.png"文件，单击"导入"按钮，如图6-70所示。

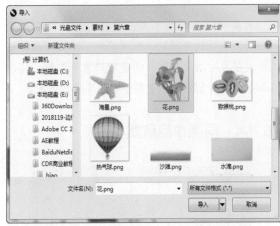

图6-70

20 将素材导入到舞台中，并调整其位置和大小，如图6-71所示。

图6-71

21 至此，本案例制作完成。

6.4.1 设计思路

扫码看视频

■ 案例类型
本案例是户外广告的建筑广告。

■ 设计背景
本案例讲述一个户外建筑广告的设计。户外广告一般都是出现在围挡、高速路广告牌、站台广告处，如图6-72所示。

图6-72

■ 设计定位

本案例采用楼盘的建筑效果图作为主题图像，将重点和主题在图像中突出显示，并结合使用一些素材来装饰广告。

6.4.2 案例分析

户外广告首要是简明扼要地突出重点，使人们着重看需要阐明的标题。建筑广告主要突出建筑和标题，以及活动内容。

■ 主题

本案例的主题是突出建筑以及开盘活动，我们将广告的大半部分分配给建筑效果图，将主题和活动放大，以达到显眼的效果，如图6-73所示。

图6-73

■ 其他配色方案

除了使用牛皮纸作为背景外，还可以使用一些纯色背景。如图6-74所示的四个配色方案可以看出，浅蓝色能让主题更加突出显示，黄色饱和度太高，有点喧宾夺主，白色又显得单调，透明的牛皮纸有点做旧的效果，可以多尝试几种配色方案，以便挑选出更加满意的广告效果。

图6-74

图6-74（续）

6.4.3 版面构图

本案例的内容并不多，主要内容凸显在标题上，所以整体较为简洁。背景采用了纸张纹理，整体来说是左右均匀构图。将建筑放置到左侧，将信息和主题放置到右侧，使整个画面丰满、平衡。

6.4.4 同类作品欣赏

6.4.5 项目实战

■ 制作流程

　　本案例将主要使用导入的图像素材，使用文本工具创建注释，使用"艺术笔工具"创建底纹装饰，如图6-75所示。

图6-75

■ 技术要点

　　使用"导入"命令导入素材；

　　使用"文本工具"创建注释；

　　使用"艺术笔工具"创建装饰。

■ 操作步骤

①　运行CorelDRAW软件，单击工具栏中的"新建"按钮 ，在弹出的"创建新文档"对话

框中设置"宽度"为1000mm、"高度"为500mm，设置"原色模式"为RGB，设置"渲染分辨率"为300dpi，单击"确定"按钮，创建一个新文档，如图6-76所示。

图6-76

②　新建文档后，在菜单栏中选择"文件>导入"命令，在弹出的"导入"对话框中选择本书配备资源中的"牛皮纸.png"文件，单击"导入"按钮，如图6-77所示。

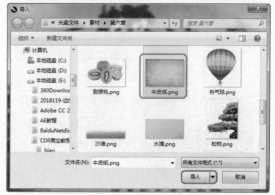

图6-77

③　导入图像后，调整图像大小，使其符合舞台大小即可，如图6-78所示。

图6-78

④　在菜单栏中选择"文件>导入"命令，在弹出的"导入"对话框中选择本书配备资源中的"建筑.png"文件，单击"导入"按钮，如图6-79所示。

图6-79

05 导入图像后，通过调整图像周围的控制点来调整图像的大小，并调整图像到合适的位置，如图6-80所示。

图6-80

06 选择建筑图像，在"对象属性"泊坞窗中选中"透明度"按钮▨，设置图像的混合模式为"乘"，如图6-81所示。

图6-81

07 在菜单栏中选择"文件>导入"命令，在弹出的"导入"对话框中选择本书配备资源中的"松树.png"文件，单击"导入"按钮，如图6-82所示。

图6-82

08 将松树导入到舞台中，并调整素材的大小和位置，如图6-83所示。

图6-83

09 在工具箱中选中"文本工具"字，在舞台中右侧留白区域创建文本，在"对象属性"泊坞窗中设置合适的参数，设置颜色为黑色，如图6-84所示。

图6-84

10 双击文本，滑选"邸"字，确定其被选中，在"对象属性"泊坞窗中设置颜色为白色，如图6-85所示。

图6-85

11 使用"文本工具"字，继续创建文字注释，如图6-86所示。

图6-86

12 在工具箱中选中"艺术笔工具" ，在工具属性栏中设置画笔类型为"底纹"，并从预设的底纹类型中选择如图6-87所示的笔触。

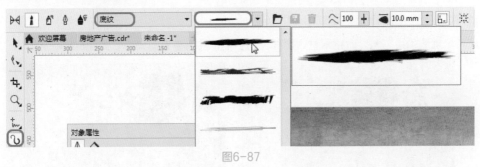

图6-87

艺术笔的笔刷使用技巧

在前面章节中我们简单地使用过艺术笔工具，这里我们将主要讲解艺术笔的"笔刷" 。选择"艺术笔工具" 后，默认的是"笔刷" ，如图6-88所示。

图6-88

在"笔刷" 后的下拉列表中可以选择类别，如图6-89所示，选择不同的类别可以在类别后出现不同的笔触列表，如图6-90所示。

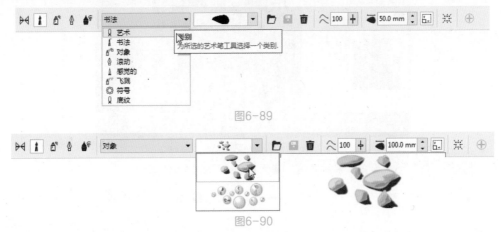

图6-89

图6-90

选择需要的画笔笔触之后，可以在舞台中绘制，如图6-91所示，绘制对象后，在工具属性栏中调整其参数即可。

图6-91

13 选择笔触后，设置"笔触宽度" ➖ 为150mm，如图6-92所示。

图6-92

14 在舞台中绘制一个短短的艺术笔效果，如图6-93所示。

15 可以使用"挑选工具" ➤，调整素材周围的控制手柄，并调整它的大小，如图6-94所示。

图6-93

图6-94

16 设置艺术笔到文字的下方，并设置其填充颜色为红色，如图6-95所示。

图6-95

17 选择"艺术笔工具" ↝，设置"笔触宽度" ➖ 为10mm，如图6-96所示。

图6-96

18 在舞台中绘制如图6-97所示的底纹。

19 选择"艺术笔工具" ↝，在工具属性栏中重新设置底纹笔触，如图6-98所示。

图6-97   图6-98

20 设置"笔触宽度" 为80mm，如图6-99所示。

图6-99

21 在"开盘"文字的位置绘制底纹，可以多次绘制，填充颜色分别为红色、黄色、橘红色，如图6-100所示。

22 调整各个素材的位置和排列效果，建筑广告制作完成，如图6-101所示。

图6-100

图6-101

★★★★

6.5 优秀作品欣赏

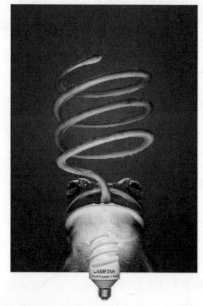

07

第 7 章

画册设计

画册属于印刷品，是企业对外的名片。其内容包括产品的外形、尺寸、材质、型号等概况，或是企业的发展、管理、决策、生产等一些概况。

7.1 画册概述

画册作为广告媒体，在企业公关中会经常用到。

7.1.1 什么是画册

画册是企业单位对外宣传的广告媒介之一，是展示自身良好形象的一种宣传方法，属于印刷品，内容一般包括一些宣传公司企业产品、企业文化、业务内容等一些信息，画册中除了包含一些信息外，还配套图片信息，多个页数装订在一起的精美册子，这就是画册，如图7-1所示。

图7-1

7.1.2 画册设计的原则

画册设计就是设计师根据客户的企业产品、企业文化、业务内容以及推广策略等，用流畅的线条、震撼的美图，配合优美的文字、富有创意的排版使画册具有视觉美感，提升画册的设计品质和企业内涵，使其能够准确有效地表达企业产品、企业文化、业务内容等，达到塑造品牌、广而告之的目的。

下面简单地介绍画册的几个设计原则。

1. 传达正确的信息。

精确的点子会让人眼前一亮、印象深刻，但准确的诉求才会改变人的态度，影响人的行为。设计不仅要求美观，还需要在美观的同时，直观地表达出正确的信息和目的。

2. 确定主题和目的。

每个画册都有一定的目的和主题，把握主题，引导读者并为其进行导向。画册是做给读者看的，是为了达成一定的目标，促进市场运作，既不是为了取悦观众也不是为了收藏。画册的设计需要揣摩目标对象的心态，创意才能起到应有的效果。

3. 简明扼要。

客户看宣传册是一种参考，不是为了阅读。画册上的信息应尽量采用通俗易懂的词句，简单明了地阐述即可，切勿追求读者对信息的理解和分析能力。

4. 将创意视觉化、信息化。

将重要的信息进行设计，使其具有创意效果，但不要偏离主题。既要有夺目的设计效果，还要有需要客户看到的信息，既能达到装饰效果，又能达到醒目效果，如图7-2所示。

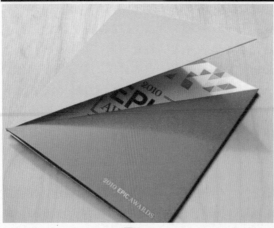

图7-2

7.1.3 画册的常见分类

画册的分类有很多，按分类的粗细不同，可能会有几百种不同的画册类型，下面整理出几种最为常见的画册设计类型，如企业画册设计、公司形象画册设计、产品画册设计、宣传画册设计、企业年报画册设计、型录画册设计、样本画册设计、产品手册设计。

7.1.4 画册的常见开本

画册样本主要有横开本、竖开本两种方式。其尺寸并不固定，依需要而定。常见标准尺寸为210mm×285mm，正方形尺寸一般为6开、12开、20开、24开。

7.2 商业案例——企业宣传画册

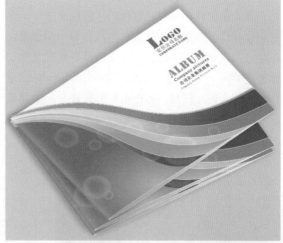

7.2.1 设计思路

扫码看视频

■ 案例类型
本案例是一个企业宣传画册的封面。

■ 项目诉求
这是一个简约商务企业宣传画册。商务类型的画册一般封面比较简单，在封面中主要表现企业

LOGO、企业名称等。如图7-3所示是一些较为优秀的画册封面。

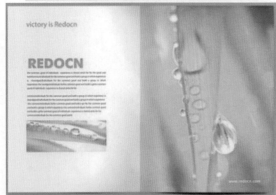

图7-3

■ 设计定位

宣传画册以企业文化、企业产品为传播内容，是企业对外最直接、最形象、最有效的宣传方式。所以根据要求，本案例画册整体要保持简单的布局，使用柔美的曲线来抵消一些商务的沉闷

氛围，且以蓝色和白色表现商务的效果，如图7-4所示。

图7-4

7.2.2 配色方案

为了体现出商务的氛围，采用简单冷静的蓝色和白色，避免过于单调，将采用渐变色进行填充，同时还添加一些其他的装饰颜色。

■ 主色

蓝色和白色是最冷静和商务的颜色，纯净的蓝色表现出一种美丽、冷静、理智、安详与广阔。由于蓝色沉稳的特性，具有理智、准确的意象，在商业设计中，强调科技、效率的商品或企业形象大多选用蓝色作为标准色、企业色。白色往往使人联想到冰雪、白云、棉花，给人以光明、质朴、纯真、轻快、恬静、整洁、雅致、凉爽、卫生的感觉，象征着和平与神圣，也是作为企业色中重要的一种颜色，如图7-5所示。

图7-5

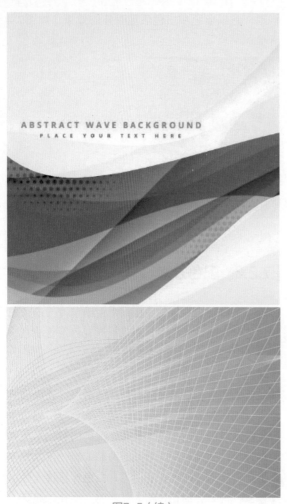

图7-5（续）

■ 辅助色

　　绿色是最有朝气的颜色之一，可以在单调颜色的构图中添加些许的生机。黄色和红黄色是一种暖色，能够协调整体冷淡颜色产生的压抑感和氛围，如图7-6所示。

图7-6

■ 其他配色方案

　　我们提供了三种配色方案，如图7-7所示。绿色的配色方案比较适合环保、踏青类型的画册封面。

玫红的画册封面适合女性产品封面。最后一种封面色调整体效果就不理想了，所以在选择颜色时要慎重考虑。

图7-7

7.2.3　版面设计

　　画册的整体封面属于典型的分割构图方式，使用曲线，将版面进行划分。整体色调较冷静，所以用了些膨胀的曲线和泡泡装饰来使整体效果饱满。

7.2.4 同类作品欣赏

7.2.5 项目实战

■ 制作流程

本案例首先创建与舞台相同大小的矩形作为背景；然后绘制流畅的线条形状，填充出丰富的画册封面颜色；最后创建文本注释，如图7-8所示。

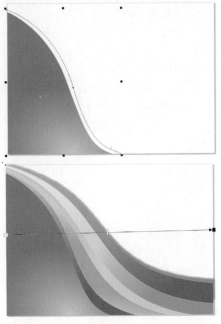

图7-8

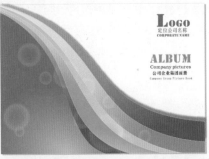

图7-8（续）

■ 技术要点

使用"矩形工具"绘制背景；

使用"贝塞尔工具"创建形状；

使用"智能填充工具"填充颜色；

使用"阴影工具"设置阴影；

使用"文本工具"创建注释文字；

使用"对象属性"泊坞窗调整对象的属性。

■ 操作步骤

01 运行CorelDRAW软件，单击工具栏中的"新建"按钮，在弹出的"创建新文档"对话框中设置"宽度"为594mm、"高度"为420mm，设置"原色模式"为RGB，设置"渲染分辨率"为300dpi，单击"确定"按钮，创建一个新文档，如图7-9所示。

图7-9

02 新建文档后，在舞台中使用"矩形工具"创建与舞台相同大小的矩形，同时填充矩形为白色，轮廓为浅灰色，如图7-10所示。

图7-10

03 选择作为背景的矩形，右击鼠标，在弹出的快捷菜单中选择"锁定对象"命令，如图7-11所示。

图7-11

04 在工具箱中选择"贝塞尔工具"，在舞台中创建并调整如图7-12所示的形状。

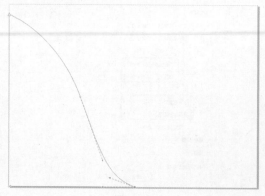

图7-12

05 使用（智能填充）工具填充曲线左侧的图像，选择填充后的图像，在"对象属性"泊坞窗中选择选择填充类型为（渐变），单击"椭圆形渐变填充"按钮，设置渐变由RGB为0、91、170到RGB为123、205、250的渐变填充，如图7-13所示。

图7-13

06 填充后，在工具箱中选择"交互式填充工具"，编辑调整图像的填充，如图7-14所示。

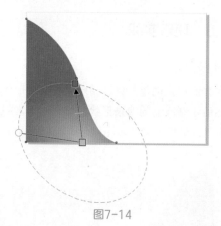

图7-14

07 使用"贝塞尔工具"，在舞台中绘制如图7-15所示的线。

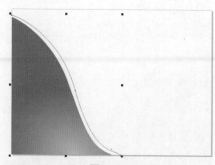

图7-15

08 继续绘制线，如图7-16所示。

09 使用"智能填充工具"填充最右侧的线内图像。在"对象属性"泊坞窗中，设置填充类型为"渐变" ，单击"椭圆形渐变填充"按钮，设置渐变是RGB为20、50、148到RGB为0、136、212再到RGB为99、175、219的渐变填充，如图7-17所示。

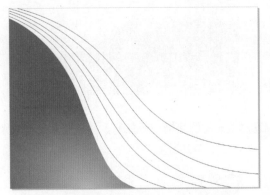

图7-16

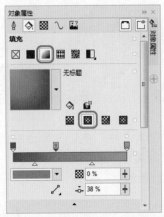

图7-17

⑩ 在工具箱中选择"交互式填充工具" ，编辑调整图像的填充，如图7-18所示。

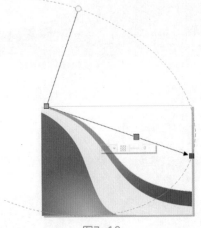

图7-18

⑪ 继续填充图像为浅蓝色到接近白色的蓝色，并调整填充，如图7-19所示。

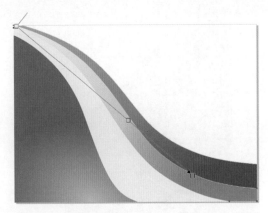

图7-19

⑫ 使用同样的方法填充图像，如图7-20所示。

图7-20

⑬ 使用"阴影工具" ，为其设置阴影，如图7-21所示。

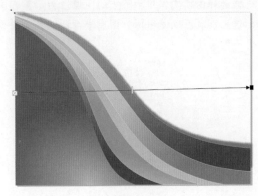

图7-21

⑭ 填充颜色后，继续创建装饰素材。在舞台中使用"椭圆工具" 绘制椭圆，如图7-22所示。

⑮ 在"对象属性"泊坞窗中，设置填充类型为"透明度" ，选择"渐变透明度" ，并单击"椭圆形渐变透明度"按钮，设置合适的透明度效果；设置合并效果为"亮度"，如图7-23所示。

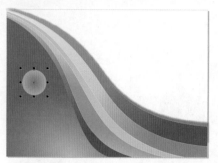

图7-22

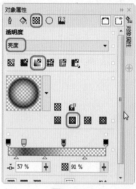

图7-23

在"对象属性"泊坞窗中，设置填充类型为"透明度" ，可以看到有一项是合并模式，单击其下拉按钮，如图7-24所示，可以从中选择一种合并模式。合并模式作用于当前图像，选择合并模式将根据选择的模式作用于下方的图像。由于篇幅有限，这里读者可以使用两个图像进行调试，会得到意想不到的效果。

图7-24

16 填充后的效果如图7-25所示。

图7-25

17 对填充的圆装饰进行复制，并调整其位置和大小，如图7-26所示。

图7-26

18 使用"文本工具" 字 ，在舞台中创建文本。在"对象属性"泊坞窗中设置文字的属性，如图7-27所示。

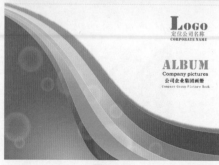

图7-27

19 取消背景矩形的锁定，然后全选所有图像，按

Ctrl+G组合键，将图像成组，如图7-28所示。

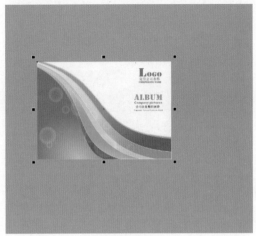

图7-28

20 成组后，使用"挑选工具" ▶选择图像，并再次单击图像，当成组的图像四周出现可旋转的箭头时，将光标放置到中心上方的控制点上，出现双向箭头，如图7-29所示。

图7-29

21 出现双向箭头后按住鼠标拖动，调整封面，如图7-30所示。

图7-30

22 旋转封面，如图7-31所示。

图7-31

23 创建矩形，填充矩形为白色，并设置轮廓为无。在"对象属性"泊坞窗中，设置填充类型为"透明度" ▨，选择"渐变透明度" ▨，单击"线性渐变填充"按钮▨，设置合适的透明度效果，如图7-32所示。

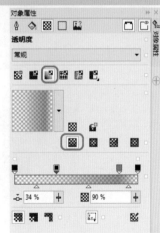

图7-32

24 对填充渐变的矩形的大小和角度进行调整。调整之后，将其放置到如图7-33所示之处。

25 使用"贝塞尔工具" ✐在舞台中绘制形状，并设置填充为黑色，该图形为修剪渐变高光图形的辅助图形，如图7-34所示。

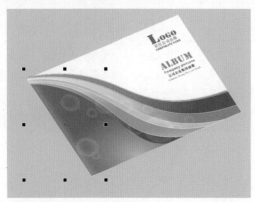

图7-33

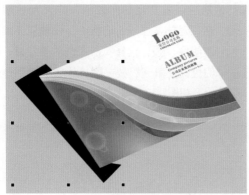

图7-34

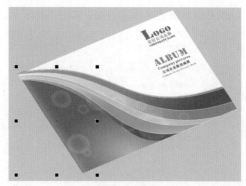

图7-35

㉖ 在舞台中选择渐变图形和黑色的作用图形，在工具箱中选择"移除前面对象工具"，如图7-35所示。

㉗ 使用"贝塞尔工具" ✐在舞台中绘制形状，作为画册的厚度，设置轮廓为接近白色的浅灰色，设置填充为浅灰色到白色的渐变，如图7-36所示。

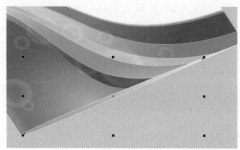

图7-36

㉘ 使用"阴影"工具 □，为画册设置投影，如图7-37所示。

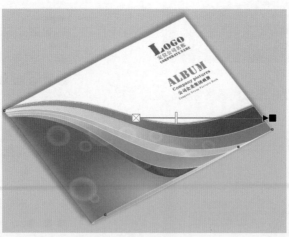

图7-37

㉙ 设置阴影时，在工具属性栏中设置透明度为30，羽化为5，如图7-38所示。

图7-38

㉚ 对画册进行复制，并调整其位置，如图7-39所示。

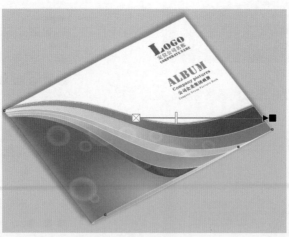

图7-39

㉛ 至此，企业画册封面制作完成。

7.3 商业案例——装修风格画册内页设计

扫码看视频

7.3.1 设计思路

■ 案例类型

本案例是一个装修风格画册的内页设计。

■ 设计背景

　　装修风格按照效果不同可以分为许多种类，如常见的简约风格、田园风格、现代风格、欧式风格、地中海风格、东南亚风格、日式风格、中式风格，等等，可以根据不同的风格设置不同的画册。通过观察画册图像，可以直观地了解装修风格的特点，如图7-40所示。

图7-40

■ 设计定位

　　装修是指依据一定风格的设计理念和美观规则形成的一套施工和效果方案，小到家具和装饰的摆放，大到房间配饰和灯具的定制等。根据不同的装修风格选择不同的家具和用品等。如果您没有一本装修风格效果的画册，只用嘴说将显得太突兀，不明白，而有了一本画册，将可以依据画册内容来介绍装修风格的理念和艺术工艺等，所以该画册的主要内容为装修风格的定义，并根据风格的介绍来添加合适的图像。这里我们将以时尚的简约风格来制作，以一张现代时尚简约的效果图作为装饰素材，如图7-41所示。

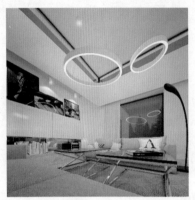

图7-41

7.3.2 配色方案

配色我们将主要使用蓝白色，用极简的背景和颜色来制作装修风格内页。

■ 主色

主色我们将采用配合效果图的主题色调，在图7-42中可以看到效果图中主要使用蓝白色和木纹色，下面我们将根据主题效果图来设计其他装饰文本内容，达到简约的效果，以配合简约风格的主题。

图7-42

可以根据效果图的色调来调整主题颜色，如图7-43所示。

图7-43

7.3.3 版面构图

本案例采用的构图方式为斜角构图，在斜角的右侧放入需要的素材图像，在斜角留白的区域添加注释文本，这种构图方式可以产生锐角刺激的效果。

7.3.4 同类作品欣赏

7.3.5 项目实战

■ 制作流程

本案例首先制作背景；然后创建结构图；最后创建文本注释，如图7-44所示。

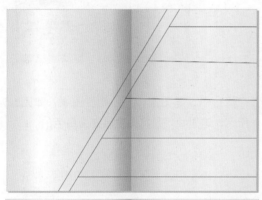

图7-44

■ 技术要点

使用"矩形工具"制作背景；

使用"贝塞尔工具"创建结构图；

使用"文本工具"创建文本注释。

■ 操作步骤

01 运行CorelDRAW软件，单击工具栏中的"新建"按钮 ，在弹出的"创建新文档"对话框中设置"宽度"为420mm、"高度"为297mm，设置"原色模式"为RGB，设置"渲染分辨率"为300dpi，单击"确定"按钮，创建一个新文档，如图7-45所示。

图7-45

02 在舞台中创建一个矩形，如图7-46所示。

图7-46

03 选择矩形，在工具属性栏中设置矩形的位置和大小，如图7-47所示。

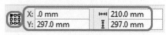

图7-47

04 对矩形进行复制，在工具属性栏中调整矩形的位置，如图7-48所示。

图7-48

05 在舞台中选择矩形，并为其设置一个浅灰白色到浅灰的渐变，如图7-49所示，然后调整合适的渐变效果。

06 使用同样的方法调整另一个矩形的渐变填充，如图7-50所示。

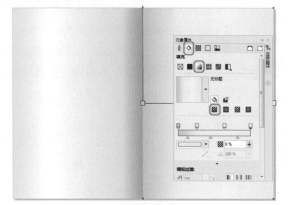

图7-49

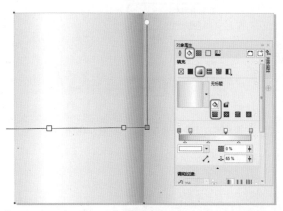

图7-50

07 使用"贝塞尔工具" 在舞台中绘制形状，作为图像的结构辅助线，如图7-51所示。

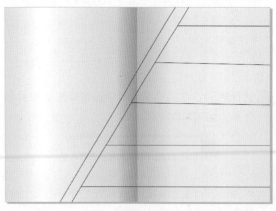

图7-51

08 在菜单栏中选择"文件>导入"命令，在弹出的"导入"对话框中选择本书配备资源中的"图像1.jpg"文件，单击"导入"按钮，效果如图7-52所示。

图7-52

09 在舞台中将图像排列到辅助线的后面，并调整图像的大小和位置，如图7-53所示。

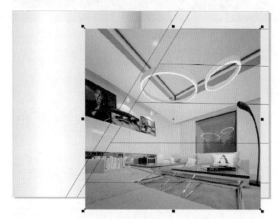

图7-53

10 在舞台中创建图像，作为修剪图像，如图7-54所示，这里我们是将图像填充为白色的。

图7-54

11 选择创建的修剪图像，并选择导入的图像，在工具属性栏中单击"移除前面对象"按钮，移除多余的图像，如图7-55所示。

12 选择修剪后的图像，在"对象属性"泊坞窗中设置合并模式为"乘",如图7-56所示。

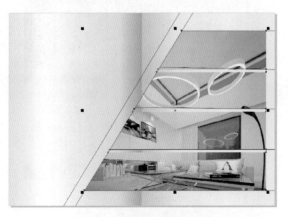

图7-55

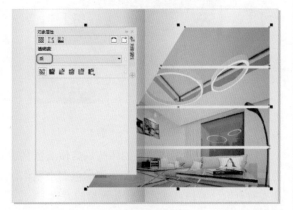

图7-56

13 在工具箱中选择"钢笔工具" ✎，在舞台中纸张的下端位置创建直线，作为页脚分割线，并设置合适的轮廓粗细和颜色，如图7-57所示。

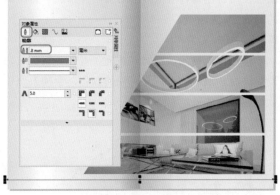

图7-57

14 创建文字，并修剪出文字的效果，如图7-58所示。

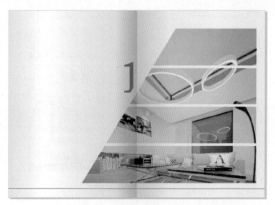

图7-58

15 使用"钢笔工具" ✎，在修剪的文本位置创建装饰线，如图7-59所示。

图7-59

16 创建文字标题，并使用"文本工具" 字，在标题下拖曳出文本框，在其中输入相关内容，如图7-60所示。

图7-60

17 创建页眉，用文字注释，如图7-61所示。

图7-61

18 至此，画册的内页制作完成。

★★★★
7.4 商业案例——蛋糕三折页

7.4.1 设计思路

■ 案例类型

本案例是蛋糕店的三折页画册。

■ 设计背景

蛋糕是一种古老的西点甜品，甜品可以促使大脑分泌一种化学物质，这种化学物质能使人更易入睡，并能减轻人们对痛楚的敏感，还能够改善不良情绪，但前提是健康饮食，如图7-62所示。

扫码看视频

图7-62

图7-62（续）

■ 设计定位

本案例将主要制作古老的传统烘焙做法蛋糕店的三折页封面，可以使用一种甜蜜的色调来制作，让人有食欲、有浪漫感，整体要求简洁大气。

7.4.2 配色方案

甜蜜的色彩主要包括粉色、巧克力色。这里我们将使用粉色来体现浪漫的甜蜜，并添加一些协调的装饰素材来搭配。

■ 主色

粉色代表可爱、温馨、娇嫩、青春、明快、恋爱等美好和浪漫，粉色是时尚的颜色，会使人产生放松的心理效果，如图7-63所示。

图7-63

图7-63（续）

■ 辅助色

辅助色我们采用了巧克力色和粉红的奶油色等颜色，这些颜色主要是通过素材来表现的，添加了色彩比较丰富和饱满的一些蛋糕素材，这些蛋糕素材中的色彩可以为单调的广告页添加一些生机色彩，通过素材的这些颜色，可以更加形象地表现出广告的主题。

■ 其他配色方案

除了粉色，还可以尝试使用巧克力颜色，但是在搭配上一定要谨慎，搭配不好就会没有食欲；另外还可以使用清新的绿色，且绿色还代表香草的味道，如图7-64所示。

图7-64

7.4.3　版面构图

三折页画册通常是将纸张的宽度均分为三部分，所以每个页面的尺寸都相对较小。在这种尺寸

较小的版面中合理地安排内容其实并不容易，本案例将三折页的封面内容放置的较少，希望可以通过简单的构图和鲜亮的颜色，引起消费者阅读的兴趣。

7.4.4　同类作品欣赏

7.4.5　项目实战

■ 制作流程

本案例首先创建图形；然后导入素材图像；最后创建文字注释，如图7-65所示。

图7-65

图7-65（续）

■ 技术要点

使用"贝塞尔工具"创建图形；

使用"导入"命令导入素材；

使用"文本工具"创建文本注释；

使用"插入条码"命令插入条码。

■ 操作步骤

01 运行CorelDRAW软件，单击工具栏中的"新建"按钮，在弹出的"创建新文档"对话框中设置"宽度"为297mm、"高度"为210mm，设置"渲染分辨率"为300dpi，单击"确定"按钮，创建一个新文档。在工具属性栏中可以查看当前舞台的大小，如图7-66所示。

图7-66

02 使用"矩形工具"在舞台中创建矩形，设置宽度为99mm、高度为210mm，调整其位置，设置填充为白色、轮廓为浅灰色，如图7-67所示。

图7-67

03 使用"贝塞尔工具"，在作为背景矩形的位置创建图形，并设置其填充，如图7-68所示。

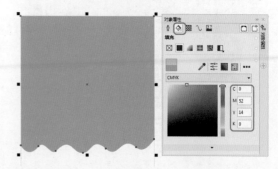

图7-68

04 使用"文本工具"，在舞台中创建文本。在"对象属性"泊坞窗中设置文字的合适属性，如图7-69所示。

中文版CorelDRAW商业案例项目设计完全解析

图7-69

05 在菜单栏中选择"文件>导入"命令，在弹出的
"导入"对话框中选择本书配备资源中的"蛋
糕1.png"文件，单击"导入"按钮，如图7-70
所示。

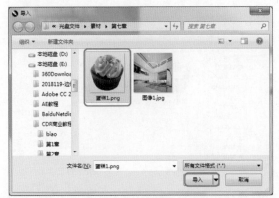

图7-70

06 在舞台中调整导入素材的位置，并对其进行复
制，复制后将其放置到底部，调整其角度和位
置，如图7-71所示。

图7-71

07 在舞台中选择底部作为投影的蛋糕图像。在
"对象属性"泊坞窗中选择"透明度" ，并
选择"渐变透明度" ，使用"交互式填充工
具" 调整透明填充的效果，如图7-72所示。

图7-72

08 在舞台中创建文本注释，如图7-73所示。

图7-73

09 复制折页到如图7-74所示的位置。

图7-74

10 删除中间折页的蛋糕图片，在菜单栏中选择
"对象>插入条码"命令，如图7-75所示。

图7-75

11 在弹出的"条码向导"对话框中输入条码数字或字符，单击"下一步"按钮，如图7-76所示。

图7-76

12 继续设置打印参数，如图7-77所示，单击"下一步"按钮。

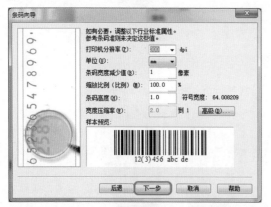

图7-77

13 继续设置文字的属性，如图7-78所示，单击"完成"按钮。

图7-78

14 添加条码后，调整条码的位置，并调整中间页的文字位置，修改页面的效果，再次复制一个背景矩形到右侧，如图7-79所示。

图7-79

15 在菜单栏中选择"文件>导入"命令，在弹出的"导入"对话框中选择本书配备资源中的"蛋糕2.png"文件，单击"导入"按钮，如图7-80所示。

图7-80

16 导入图像后，调整其位置和大小，使用"贝塞尔工具"在舞台中绘制形状，作为修剪图像，如图7-81所示。

图7-81

17 选择创建的修剪图像和蛋糕图像，在工具属性栏中单击"移除前面对象"按钮，如图7-82所示。

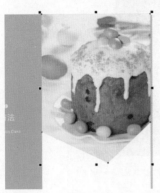

图7-82

18 使用"贝塞尔工具" ✐ 在舞台中绘制形状,设置填充为浅绿色,并设置为无轮廓,如图7-83所示。

图7-83

19 在舞台中创建如图7-84所示的图像并填充暗红色。

图7-84

20 使用"文本工具" 字,在舞台中创建文本,并拖曳出文本框,在文本框中输入文本,如图7-85所示。

图7-85

21 至此,蛋糕店的三折页制作完成。

08
第8章
插画设计

插画也被我们俗称为插图，通常出现在出版物配图、卡通吉祥物、影视海报、游戏人物的设定中。本章将介绍插画的一些常识和设计。

★★★★ 8.1 插画概述

当今社会，插画被广泛地应用于社会的各个领域。随着艺术的日益商品化和新的绘画材料及工具的出现，插画艺术进入商业化时代。

8.1.1 什么是插画

插画原指书籍中的插图，后来随着时代的发展，插画不仅限于图书的插图，还应用于漫画、游戏场景、动画的原始稿件和原型的创作中，如图8-1所示。

图8-1

图8-1（续）

现代插画与一般意义上的艺术创作插画有一定的区别。从两者的功能和表现形式，以及传播媒介方面都有着差异。现代插画的服务对象首先是商品。商业活动要求把所承载的信息准确、明晰地传达给观众，让观众接收正确信息，并让观众得到从没有过的感受。

插画在画册、图书、广告中一般作为文字的补充，能够让人们图文并茂地熟悉和了解文字内容，也可以使观众得到感性认识的满足。

8.1.2 插画设计的原则

现代茶壶的形式多种多样，以媒体不同可以分为印刷媒体与影视媒体。印刷媒体包括招贴海报、报纸、杂志、书籍、产品包装、企业形象插画等。影视媒体包括电影、电视、计算机等。

插画设计最基本的诉求功能就是将信息简介

明确、清晰地传递给观众，引起观众的兴趣，努力使他们信服传递的内容，并在审美的过程中使观众欣然接受宣传的内容，诱导他们做出最终的决定。

现代插画设计过程中需要记住，不要偏离主题，偏离主题的纯插画艺术往往使现代插画的功能减弱。因此，设计插画时不能让插画的主题有产生偏离的可能，必须立足于鲜明、单纯和准确。

8.1.3 插画的常见分类

根据插画的应用范围以及目前在市场上的流行性，插画可以分为商业插画、书籍插画、电子插画、涂鸦四大类。

1. 商业插画。商业插画是可以获得相关报酬的，作者对作品放弃所有权，只保留署名权的商业买卖的行为，被广泛用于广告、商品包装、报纸和书籍装帧、环艺空间、电脑网络等领域，如图8-2所示。

图8-2

2. 书籍插画。书籍插画是报刊、书籍封面、封底、内容页的插画，广泛应用于各类书籍中，如图8-3所示。

图8-3

3. 电子插画。电子插画包括电子游戏插画与动画插画，如图8-4所示。

图8-4

图8-4（续）

4. 涂鸦。涂鸦是指在公共或私人设施上的人为和有意图的标记。涂鸦可以是图画，也可以是文字，如图8-5所示。

图8-5

8.1.4　插画的表现形式及风格

插画根据市场定位可以分为写实风格、抽象表现风格、装饰表现风格和漫画表现风格几种。

1. 写实风格。写实风格是根据实物或照片进行写实描绘或写实设计，并做到与实物基本相符的境界，如图8-6所示。

图8-6

2. 抽象表现风格。从具体事物抽出、概括出它们共同的方面、本质属性与关系等，而将个别的非本质的方面、属性与关系舍弃，这种思维过程，称为抽象，如图8-7所示。

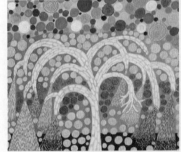

图8-7

3. 装饰表现风格。将主题突出显示，并加以一些装饰元素来突出主题，如图8-8所示。

图8-8

图8-8（续）

4. 漫画表现风格。漫画插画如图8-9所示。

图8-9

8.2.1 设计思路

扫码看视频

■ 案例类型

本案例是一个商业网络插画。

■ 项目诉求

该插画主要用于淘宝网中秋节的购物主题背景。中秋节是我们国家极为重视的节日之一，是家庭团圆的节日。中秋节自古便有祭月、赏月、拜月、吃月饼、赏桂花、饮桂花酒等习俗，流传至今，经久不息。中秋节以月之圆兆人之团圆，为寄托思念故乡，思念亲人之情，祈盼丰收、幸福，成为丰富多彩、弥足珍贵的文化遗产，如图8-10所示。

图8-10

中文版CorelDRAW商业案例项目设计完全解析

图8-10（续）

■ 设计定位

根据中秋节的一些习俗，我们将温馨的主题作为设计重点，结合中秋的圆月设计制作中秋网页背景插画。为了丰富画面，我们将制作远景和近景的一些植物装饰素材，并添加一对母子兔来突出插画主题。

8.2.2 配色方案

中秋赏月吃团圆饭一般是在晚上，所以主题的背景设计为晚上，将主要采用较深的蓝色调，并结合表示圆月的黄色调来制作插画方案。为了避免黑夜的单调，我们又添加了粉红色的荷花来丰富画面色彩。

■ 主色

主色我们使用深夜的蓝调，主要表现黑夜的天空，如图8-11所示。

图8-11

■ 辅助色

辅助色将采用月亮和星星的黄色，使其与深蓝色产生一种撞色的效果，并配合一些插画素材，利用插画素材中的一些彩色，使画面中的色彩丰富、生动。

■ 其他配色方案

配色方案根据客户的要求还可以跳跃设计一些其他的色调方案供客户来选择，如图8-12所示。

图8-12

8.2.3 版面设计

整体的插画分布采用了上下结构分布，以中间为划分线，上下进行层次远近的分布和调整，使整体图像有一种远近饱满的效果。

8.2.4 同类作品欣赏

8.2.5 项目实战

■ 制作流程

本案例首先制作出各个素材的效果；然后对单个素材分别进行调整；最后进行整体组合即可，如图8-13所示。

图8-13

图8-13（续）

■ 技术要点

使用"矩形工具"绘制背景；

使用"贝塞尔工具"创建形状；

使用"智能填充工具"填充颜色；

使用"星形工具"绘制星星；

使用"椭圆工具"绘制月亮；

使用"艺术笔工具"绘制柔和的自由线条；

使用"对象属性"泊坞窗调整对象的属性；

使用对象属性工具栏调整工具属性。

■ 操作步骤

01 运行CorelDRAW软件，单击工具栏中的"新建"按钮，新建一个"宽度"为500mm、"高度"为500mm的新文档，在舞台中使用"矩形工具"创建与舞台相同大小的矩形图形，并调整矩形在舞台中的位置，如图8-14所示。

02 选择矩形，在"对象属性"泊坞窗中设置矩形的RGB为20、109、193，如图8-15所示。

图8-14

图8-15

03 在工具箱中选择"贝塞尔工具"✎，在舞台中创建并调整如图8-16所示的形状，并使用"智能填充工具"🖍填充图形。

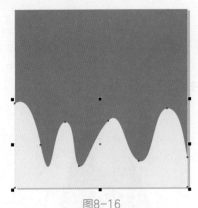

图8-16

智能填充工具的使用技巧

在图8-17中可以看出使用"智能填充工具"🖍填充后的图像是新建的一个图形，原始的线居于填充的下方，如果不要创建的线可以将其删除，在本案例中创建的图像都是没有轮廓的。

04 修改填充的深蓝色RGB为13、87、172，对图像进行复制，并设置填充的透明度为46，如

图8-17所示。

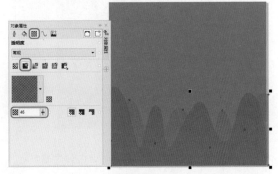

图8-17

05 使用"椭圆工具"◯，在舞台中绘制圆，作为圆月。在"对象属性"泊坞窗中设置填充的RGB为242、212、88，如图8-18所示。

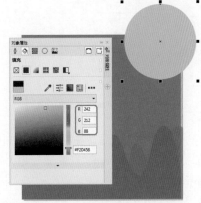

图8-18

06 使用"贝塞尔工具"✎创建明处的图像，并填充为较浅的黄色，创建椭圆作为月亮的空洞，设置空洞的颜色为渐变的橘黄，如图8-19所示。

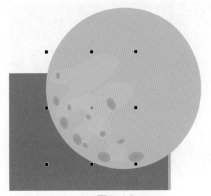

图8-19

07 在工具箱中按住鼠标左键单击"多边形工具"，在隐藏的工具列表中选择"星形工具"☆，在舞台中创建星星，如图8-20所示。

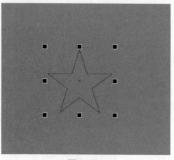

图8-20

08 在工具箱中按住鼠标左键单击"形状工具"，在隐藏的工具列表中选择"平滑工具"，如图8-21所示。

图8-21

09 选择"平滑工具"后，在工具属性栏中设置"笔尖半径"为20mm、"速度"为100，如图8-22所示。

图8-22

10 使用"平滑工具"在五角星的角上按住鼠标，可以看到慢慢变平滑的圆角，如图8-23所示。

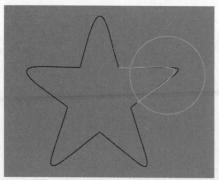

图8-23

11 填充五角星为黄色，设置轮廓为无，对星星进行复制，并调整星星的大小和位置，如图8-24所示。

图8-24

12 在工具箱中按住鼠标左键单击"手绘工具"，在隐藏的工具列表中选择"B样条工具"，在舞台中创建样条线，如图8-25所示。

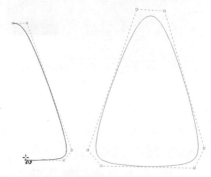

图8-25

13 创建样条线之后，设置填充为暗绿色到深暗绿色，并调整渐变填充，设置轮廓为无，如图8-26所示。

图8-26

14 选择"艺术笔工具"，在工具属性栏中选择合适的笔触和大小，如图8-27所示。

图8-27

15 在舞台中绘制如图8-28所示的艺术笔形状，设置合适的颜色。

16 在舞台中选择作为树枝的艺术笔形状，在菜单栏中选择"对象>转换为曲线"命令，如图8-29所示。

图8-28　　　　　图8-29

17 在舞台中使用"贝塞尔工具" ✐ 创建线，并使用"智能填充工具" ✐ 填充图形为白色，删除轮廓，创建的线如图8-30所示。

图8-30

18 继续创建如图8-31所示的图形，设置其颜色为白色，无轮廓。

图8-31

19 在舞台中创建图形，并填充为黄色，设置黄色为半透明，如图8-32所示。

图8-32

20 选择半透明的黄色图像，在菜单栏中选择"位图>转换为位图"命令，如图8-33所示。

图8-33

21 转换为位图后，在菜单栏中选择"位图>模糊>高斯式模糊"命令，如图8-34所示。

图8-34

22 在弹出的"高斯式模糊"对话框中设置模糊半径为38，单击"确定"按钮，如图8-35所示。

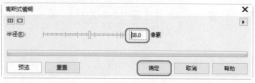
图8-35

(23) 调整图形的位置，并对树图像进行复制，并调整树的颜色，如图8-36所示。

图8-36

(24) 继续创建另一种树，并对其进行调整和复制，如图8-37所示。

图8-37

(25) 使用"贝塞尔工具" ，在舞台中创建荷叶图像，并设置填充和描边，如图8-38所示，具体的制作可以参考树图像的创建。

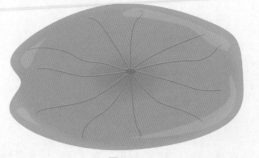
图8-38

(26) 复制荷叶图像，并调整荷叶的位置和大小，如图8-39所示。

图8-39

(27) 使用"贝塞尔工具" 创建荷花的花瓣，可以对花瓣进行复制，并对其填充渐变色，如图8-40所示。

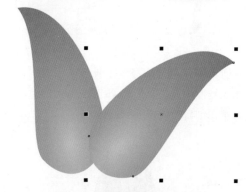
图8-40

(28) 继续复制花瓣，并稍微修改花瓣的形状，创建椭圆和莲蓬的底部图像，如图8-41所示。

图8-41

(29) 创建一个椭圆，设置填充为荷花的颜色，并设置填充为渐变填充，将其放置到莲蓬的下方作为阴影，如图8-42所示。

中文版CorelDRAW商业案例项目设计完全解析

图8-42

(30) 使用"艺术笔工具" 🖊，创建荷花的茎，对荷花进行复制，调整其位置和大小，如图8-43所示。

图8-43

(31) 使用"贝塞尔工具" ✏ 创建兔妈妈图像，如图8-44所示。

图8-44

(32) 继续创建兔宝宝图像，并复制一颗星星，放置到合适的位置，如图8-45所示。

图8-45

(33) 至此，中秋插画制作完成。

8.3.1 设计思路

扫码看视频

■ 案例类型
本案例是设计一款T恤图案。

■ 设计背景
T恤是衣衫的一种，通常是短袖和圆领的，长及腰间，一般没有纽扣、领子和口袋，摊开时呈T字形，而得名T恤，如图8-46所示。

来制作图案，红色与绿色代表青春和活力。

■ 主色和主角

主色将使用红色，红色是一种鲜艳的颜色，它是生命、活力、健康、热情、朝气、欢乐的象征。红色用在服饰上，无论男女老幼，都给人以青春活力、热情奔放、积极向上的感觉。红色是时装的常用色彩。

主角则是使用主色的火烈鸟，火烈鸟本身就是红色，火烈鸟行动优雅，外观美丽，可以说是高贵的象征了，如图8-47所示。

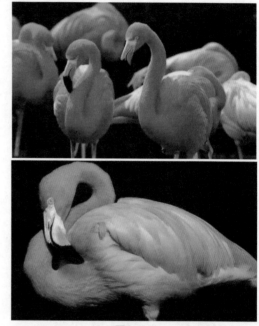

图8-47

■ 辅助色

有道是"红花配绿叶"，在红色的基础上我们将大量地使用一些绿色和黄色，来搭配红色使用，使整个图案充满活力、热情和生机，如图8-48所示。

图8-46

■ 设计定位

T恤的图主要是以装饰、美化服装为主。一般指与服装配套的附件、配件上的图形装饰。而T恤的图案有两种表现形式，一种是染织品，另一种是印烫、刺绣、绘制、编制。

本案例将制作一个黑色T恤的印烫图案，图案的设计主要希望与黑色撞一下，针对的群体为18~28岁的青年。

8.3.2 配色方案

本案例我们主要绘制一个红色的火烈鸟，来表现青春的活力，为单独的火烈鸟添加一些装饰素材

图8-48

8.3.3　表现形式与风格

本案例主要使用装饰表现风格，采用火烈鸟为主角，将配合以一些树叶和植物红掌作为装饰。将主题突出显示并加以一些装饰元素来突出主题。

8.3.4　同类作品欣赏

8.3.5　项目实战

■　制作流程

本案例首先创建结构图；然后创建出T恤图案；最后设置T恤图案的颜色，如图8-49所示。

图8-49（续）

图8-49

■　技术要点

使用"贝塞尔工具"创建结构图；

使用"艺术笔工具"创建一些简单的配饰图像；

使用"对象属性"泊坞窗设置对象的颜色。

■　操作步骤

01 运行CorelDRAW软件，单击工具栏中的"新建"按钮，创建一个新文档，使用"贝塞尔工具"在舞台中绘制火烈鸟的基本形状，如图8-50所示。

图8-50

火烈鸟轮廓的绘制技巧

　　如果对火烈鸟的轮廓不太熟悉，可以导入一张火烈鸟的图像到舞台中，作为底纹来描绘。

02 使用"贝塞尔工具" ✐，在火烈鸟嘴部创建形状，使用"智能填充工具" ⬚ 填充嘴的底色，设置RGB为255、248、245到RGB为238、150、148的渐变，如图8-51所示，最后删除绘制的嘴的轮廓线。

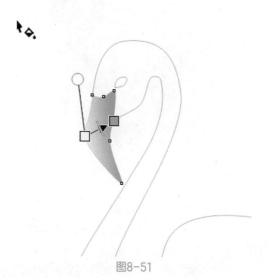

图8-51

03 继续使用"贝塞尔工具" ✐绘制嘴部的轮廓，使用"智能填充工具" ⬚ 填充RGB为48、30、30，如图8-52所示。

图8-52

04 绘制出眼睛的轮廓，使用"智能填充工具" ⬚填充火烈鸟的身体颜色，设置RGB为234、47、16，如图8-53所示。

图8-53

05 在舞台中绘制眼睛。眼睛的底色为白色，眼睛的周围颜色RGB为156、29、0，并绘制黑白圆，组合出火烈鸟的眼睛效果，如图8-54所示。

图8-54

06 在火烈鸟的身体上使用"贝塞尔工具" ✐绘制明暗轮廓线，如图8-55所示。

图8-55

07 填充火烈鸟的颜色过程中如果遇到填充不到的轮廓线，说明该轮廓没有闭合，可以在菜单栏

中文版CorelDRAW商业案例项目设计完全解析

中选择"对象>连接曲线"命令，在弹出的"连接曲线"对话框中设置"差异容限"为2mm（或更高的参数），如图8-56所示。

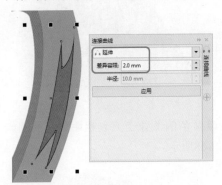

图8-56

08 填充火烈鸟的层次效果，如图8-57所示，填充后删除轮廓辅助线。

图8-57

09 在舞台中使用"贝塞尔工具" ✎ 绘制叶子图像，如图8-58所示。

10 填充叶子的颜色RGB为29、99、47，如图8-59所示。

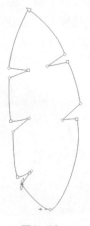

图8-58

11 使用"贝塞尔工具" ✎ 继续创建叶子的茎，如图8-60所示，填充颜色RGB为99、158、76。

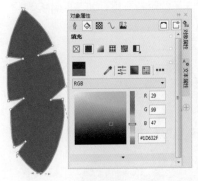

图8-59　　　　　　　图8-60

12 设置叶子和茎的轮廓为无，继续在叶子和茎的内侧创建图像，如图8-61所示，填充颜色RGB为29、99、47，设置轮廓为无。

图8-61

13 使用"贝塞尔工具" ✎ 绘制图像，并填充图像的RGB为91、154、65，设置轮廓为无，如图8-62所示。

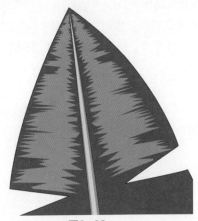

图8-62

14 使用"艺术笔工具" ℒ，在工具属性栏中设置笔触为"笔刷" ，设置"笔触宽度" 为1，在如图8-63所示的位置创建形状。

15 继续创建叶子的明暗效果，如图8-64所示。

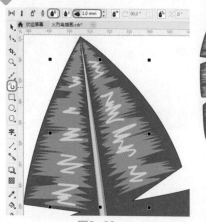
图8-63

图8-64

16 对叶子进行成组，然后放置到火烈鸟图像的后面，如图8-65所示。

图8-65

17 使用"贝塞尔工具" ℒ绘制植物红掌的轮廓，如图8-66所示。

18 填充红掌为红色，并在红掌如图8-67所示的位置创建图像，填充暗黄色，如图8-67所示。

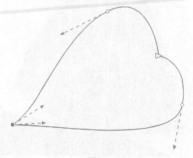
图8-66

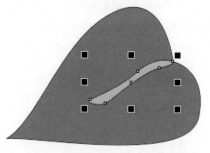
图8-67

19 在暗黄色的图像上方创建明黄色的图像，如图8-68所示。

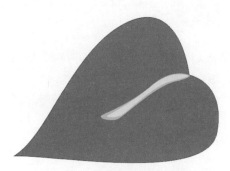
图8-68

20 创建红掌的明暗区域，如图8-69所示。

图8-69

21 使用"艺术笔工具" ℒ，在工具属性栏中设置合适的参数，在红掌上绘制颜色，如图8-70所示。

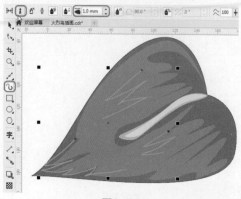
图8-70

㉒ 创建红掌的茎，如图8-71所示。

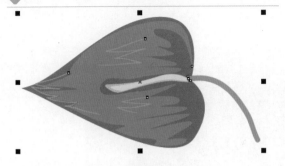

图8-71

㉓ 使用同样的方法创建红掌的叶子，如图8-72所示。

图8-72

㉔ 复制并组合图像，如图8-73所示。

图8-73

㉕ 在舞台中设置合适的"艺术笔工具" ↻笔触，为图像绘制背景，设置背景为明黄色，如图8-74所示。

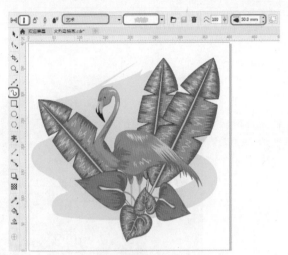

图8-74

㉖ 在菜单栏中选择"文件>导入"命令，在弹出的"导入"对话框中选择本书配备资源中的"T恤.png"文件，单击"导入"按钮，如图8-75所示。

图8-75

㉗ 导入T恤图像后，将绘制的插画放置到T恤上，如图8-76所示。

图8-76

㉘ 至此，T恤图案绘制完成。

09
第 9 章
产品包装设计

包装作为一件产品最直接的外观显示形态，也见证了社会的发展历程。产品包装设计是立体领域的设计项目。与标志设计、海报设计等依附于平面的设计项目不同，包装设计需要创造出的是有材质、体感、重量的"外壳"，产品包装必须根据商品的外形、特性，采用相应的材料进行设计。

本章主要从产品包装的含义、产品包装的常见分类、产品包装的常用材料等几个方面来学习产品包装设计，如图所示。

9.1 产品包装设计概述

包装在流通的过程中起着保护产品、方便储蓄、促进销售的作用，是按一定的技术方法做成的容器。

9.1.1 什么是产品包装

产品包装是品牌理念、产品特性、消费心理的综合反映，它直接影响消费者的购买欲望。产品包装既能保护产品的内容又能通过美化来刺激消费者的感官，从而引导消费，如图9-1所示。

图9-1

9.1.2 产品包装的常见形式

产品包装的形式多种多样，分为盒类、袋类、瓶类、罐类、坛类、管类、包装筐和其他类型。

1. 盒类包装：包括纸盒、木盒、皮盒等多种类型，如图9-2所示。

图9-2

2. 袋类包装：袋类包装重量轻、强度高、耐腐蚀，是最常见也是最方便的一种包装方式，包括塑料袋、布袋、纸袋等多种类型，应用范围广，如图9-3所示。

图9-3

3. 瓶类包装：瓶类包装也是常见的一种包装形式，一般应用于液体包装，如酒、洗发水、洗衣液、化妆品等。常用的瓶类材质有玻璃、塑料等，如图9-4所示。

图9-4

图9-4（续）

4. 罐类包装：一般用于包装咖啡、糖、饼干、调料、罐头等。常见的罐类包装材质有铁罐、铝罐、玻璃罐等。由于罐类包装刚性好、不易破损，所以也是常用的一种包装类型，如图9-5所示。

图9-5

5. 坛类包装：一般用于酒类和腌制品，如图9-6所示。

图9-6

6. 管类包装：常用于盛放凝胶状液体，包括软管、复合软管、塑料软管等，如图9-7所示。

图9-7

7. 包装筐：多用于包装数量较多的产品，如瓶酒类、饮料类等，如图9-8所示。

图9-8

8. 其他包装类：包括托盘、纸标签、瓶封等多种类型，如图9-9所示。

图9-9

9.1.3 产品包装的常用材料

产品的包装是产品的重要组成部分，它不仅能在运输过程中起到保护的作用，而且直接关系到产品的综合品质。

下面介绍常用的包装材料。

1. 纸质包装：纸质包装是一种轻薄、环保的包装。纸质包装也可分为包装纸、蜂窝纸、纸袋纸、干燥剂包装纸、蜂窝板纸、牛皮纸、工业纸板、蜂窝纸芯。纸包装应用广泛，具有成本低、便于印刷和可批量生产的优势，如图9-10所示。

图9-10

图9-10（续）

2. 塑料包装：塑料包装是用各种塑料加工制作的包装材料，有封口膜、收缩膜、塑料膜、缠绕膜、热收缩膜等类型。塑料包装具有强度高、防滑性能好、防腐性强等优点，如图9-11所示。

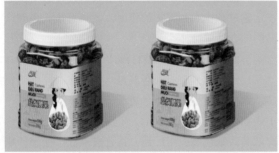

图9-11

3. 金属包装：常见的金属包装有马口铁皮、铝、铝箔、镀铬无锡铁皮等类型。金属包装具有耐蚀性、防菌、防霉、防潮、牢固、抗压等特点，如图9-12 所示。

4. 玻璃包装：玻璃包装具有无毒、无味、清澈性好等特点；但其最大的缺点是易碎，且重量相对过重。玻璃包装包括食用品瓶、化妆品瓶、药品瓶、碳酸饮料瓶等多种类型，如图9-13 所示。

图9-12

图9-13

5. 陶瓷包装：陶瓷包装是一种极富艺术性的包装容器。瓷器釉瓷有高级釉瓷和普通釉瓷两种。陶瓷包装具有耐火、耐热、坚固等优点。但其与玻璃包装一样，易碎，且有一定的重量。

9.2 商业案例——喜饼包装设计

图9-14（续）

9.2.1 设计思路

■ **案例类型**

本案例是设计一款喜饼包装盒。

■ **项目诉求**

喜饼是中国民间婚姻礼仪用品，是结婚时男方收到嫁妆后，回赠给女方的礼品，也作为聘礼送给女方。本案例将制作一款较为传统的山东地方喜饼，山东的乳山喜饼被人们叫做媳妇饼，因多为女方家制作，如图9-14所示。

本案例将以山东一带的喜饼为例制作一款传统烘焙手法的喜饼包装盒。

扫码看视频

图9-14

■ **设计定位**

根据喜饼的特色，在包装上，我们将添加一些浪漫的婚姻元素，如结婚的卡通新人。根据客户的需求，不要制作红色和金色的包装，这里我们可以在包装盒中添加一些现代化的设计，例如婚纱、都市，可以以插画的方式出现在包装上。

9.2.2 配色方案

包装盒的配色上我们采用现代化糕点的颜色，并添加一些较为浪漫的色彩。

■ **主色**

如图9-15所示，根据客户的需求，摒弃传统的红色和金黄色，而采用一种接近烘焙蛋糕的颜色作为主色，通过加深、调暗制作主体色调。

图9-15

■ **辅助色**

辅助色将使用白色和橘红色以及粉色，其中粉色可以使用得多一些，因为粉色使人产生甜蜜感。

■ **其他配色方案**

下面我们制作了四款配色方案，在粉色的包装设计中，整体营造浪漫的氛围；蓝色和紫色的配色方案可以放置一些有颜色的蛋糕制品；最后一款可以体现一种古朴工艺的效果，如图9-16所示。

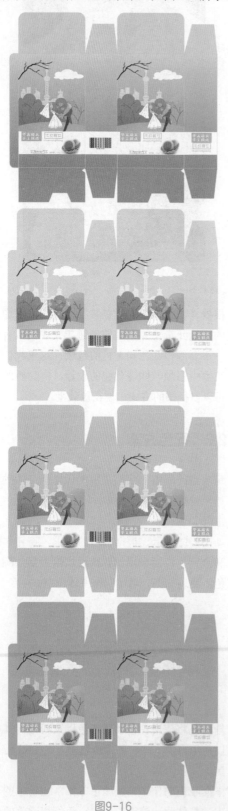

图9-16

9.2.3 版面设计

整体版面采用分割构图，利用留白和插画来分割画面。版面分为上、中、下三部分，上部为天空，中部为插画主角，下部为文本信息。

9.2.4 同类作品欣赏

9.2.5 项目实战

■ 制作流程

本案例首先绘制包装盒和文本框的基本形状；然后绘制树枝和云彩；最后创建文字注释，导入素材，如图9-17所示。

图9-17

图9-17（续）

图9-18

图9-19

- ■ 技术要点

    使用"矩形工具"制作背景和文本框；

    使用"贝塞尔工具"绘制轮廓形状；

    使用"艺术笔工具"绘制树枝；

    使用"椭圆工具"绘制云彩；

    使用"文本工具"创建注释；

    使用"导入"命令导入素材；

    使用"插入条码"命令插入条码。

- ■ 操作步骤

01 运行CorelDRAW软件，新建一个文档。

02 使用"矩形工具" □，在舞台中创建矩形，在工具属性栏中设置宽度为150mm、高度为250mm，如图9-18所示。

03 在舞台中复制矩形，并调整矩形的位置，在工具属性栏中设置宽度为75mm、高度为250mm，如图9-19所示。

04 在舞台中选择两个矩形，对两个矩形进行复制，如图9-20所示。

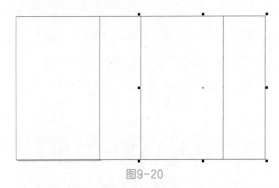

图9-20

05 在舞台中选择其中一个矩形，在"对象属性"泊坞窗中设置填充为渐变，设置渐变色由RGB为192、151、106到RGB为249、226、196，如图9-21所示。

图9-21

06 使用同样的方法填充其他矩形渐变，如图9-22所示。

图9-22

07 设置矩形轮廓的粗细为1mm，设置RGB为239、220、185，如图9-23所示。

图9-23

08 调整矩形的渐变填充效果，如图9-24所示。

图9-24

09 使用"矩形工具"□，在舞台中创建矩形，在工具属性栏中设置宽度为150mm、高度为

50mm，在场景中调整矩形的位置，填充矩形为白色，设置轮廓为白色，如图9-25所示。

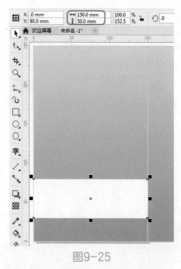

图9-25

10 使用同样的方法创建白色填充矩形，如图9-26所示。

图9-26

11 在白色的矩形上创建较小的矩形，设置填充为粉色，创建文本，调整文本的效果，如图9-27所示。

图9-27

12 在菜单栏中选择"文件>导入"命令，在弹出的"导入"对话框中选择本书配备资源中的"喜饼.png"文件，单击"导入"按钮，如图9-28所示。

图9-28

13 创建矩形，设置轮廓，并创建文字注释，调整导入素材的位置和大小，如图9-29所示。

图9-29

14 在工具箱中按住鼠标左键单击"多边形工具" ◯，在弹出的隐藏工具列表中选择"标题形状工具" ♨，在舞台中创建标题形状，如图9-30所示。

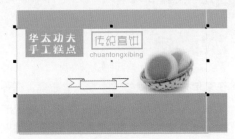

图9-30

15 在标题图形上创建文本，设置文本和标题形状的颜色为灰色，如图9-31所示。

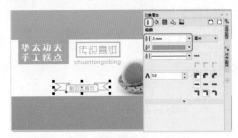

图9-31

16 继续创建喜饼的文本内容，如图9-32所示。

图9-32

17 在舞台中使用"贝塞尔工具" ✐创建线，使用"智能填充工具" ⬠ 填充如图9-33所示的形状，设置填充为渐变填充，设置填充类型为"椭圆形渐变填充" ▦。

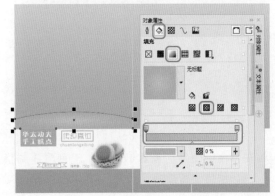

图9-33

18 选中"交互式填充"按钮 ◈，调整填充的效果，如图9-34所示。

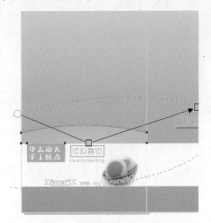

图9-34

19 使用"贝塞尔工具" ✐，创建并调整图像，设置渐变填充，填充从RGB为205、65、50到RGB为232、112、60，如图9-35所示。

20 选择"艺术笔工具" ⤸，在工具属性栏中选择合适的笔触和大小，创建作为树枝的图像，并设置合适的颜色，如图9-36所示。

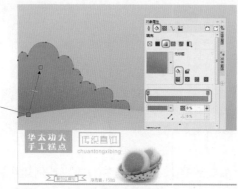

图9-35

图9-36

21 在舞台中使用"贝塞尔工具"✏创建并调整线,使用"智能填充工具"🖌填充图形,如图9-37所示。

图9-37

22 填充后,设置填充颜色的RGB为245、139、93,删除使用贝塞尔工具创建的线,如图9-38所示。

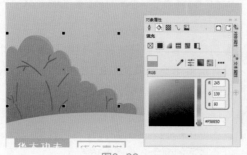

图9-38

23 使用"贝塞尔工具"✏创建线,并调整线的形状,使用"智能填充工具"🖌填充图形,填充渐变色,渐变从RGB为229、138、135到RGB为243、179、170,使用"智能填充工具"🖌调整填充,如图9-39所示。

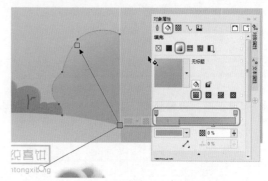

图9-39

24 选择"艺术笔工具"↳创建树枝,如图9-40所示。

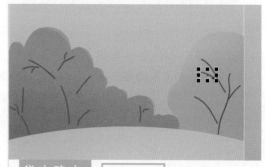

图9-40

25 在菜单栏中选择"文件>导入"命令,在弹出的"导入"对话框中选择本书配备资源中的"建筑.png"文件,单击"导入"按钮,如图9-41所示。

图9-41

26 导入图像后,调整图像的位置和大小,如图9-42所示。

图9-42

27 在菜单栏中选择"文件>导入"命令,在弹出的"导入"对话框中选择本书配备资源中的"结婚.png"文件,单击"导入"按钮,如图9-43所示。

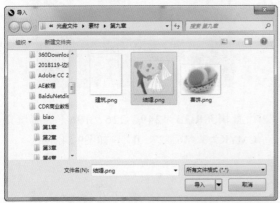

图9-43

28 导入图像后,调整图像的位置,如图9-44所示。

图9-44

29 选择"艺术笔工具" ✎,在工具属性栏中设置

画笔类型为树枝,并设置合适的参数,在舞台中绘制树枝,如图9-45所示。

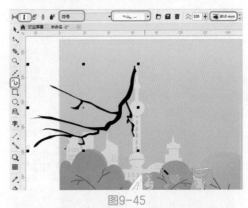

图9-45

30 在舞台中调整树枝的大小和位置,并设置树枝的颜色,如图9-46所示。

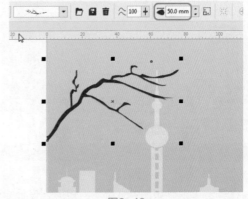

图9-46

31 使用"椭圆形工具" ○,在舞台中创建多个椭圆,组合成云朵,如图9-47所示。

32 在菜单栏中选择"对象>插入条码"命令,如图9-48所示。

图9-47

图9-48

33 在弹出的"条码向导"对话框中输入条码信息,单击"下一步"按钮,直至完成即可。如图9-49所示为插入的条码信息。

图9-49

34 在舞台中对图像进行复制，如图9-50所示。

图9-50

35 在舞台中创建如图9-51所示的矩形，设置矩形的填充RGB为249、226、196，设置轮廓RGB为239、220、185。

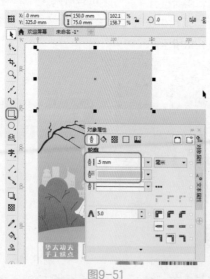

图9-51

36 继续创建矩形，设置取消圆角的锁定，并设置圆角参数，如图9-52所示。

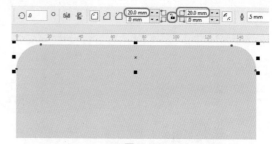

图9-52

37 使用"贝塞尔工具" 创建线，如图9-53所示。

图9-53

38 设置填充RGB为249、226、196（或者填充CMYK为3、16、27、0），如图9-54所示。

图9-54

39 复制创建的图像，如图9-55所示。

图9-55

40 复制图像到底部，重新填充颜色为底部图像的颜色，如图9-56所示。

中文版CorelDRAW商业案例项目设计完全解析

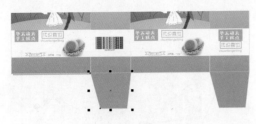

图9-56

41 复制正面包装上的矩形到底部，该矩形作为参考，如图9-57所示。

图9-57

42 在舞台中使用"贝塞尔工具" ，在参考的矩形上创建如图9-58所示的图像，删除参考的矩形。

图9-58

43 复制图像，如图9-59所示。

图9-59

44 在如图9-60所示的位置创建矩形，设置矩形的圆角，完成平面包装设计。

图9-60

45 在舞台中复制包装正面图像，对其进行调整，再复制一个侧面图像，调整其效果，如图9-61所示。

图9-61

46 使用"贝塞尔工具" ，在包装盒的上方创建图像，并填充顶部的颜色，如图9-62所示。

图9-62

47 创建阴影形状，如图9-63所示。

图9-63

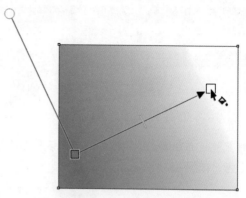

图9-65（续）

在图中可以发现箭头的两端有两个色块，这两个色块可以设置渐变的"从……"与"到……"的颜色，选择其中一个色块可以修改其渐变颜色，还可以更改颜色的透明度，如图9-66所示。

48 填充图形为黑色，设置透明填充，调整填充的效果，如图9-64所示。

图9-64

调整透明渐变填充技巧

填充图像后，选中"交互式填充"按钮 ◇，在填充的图像上拖曳出编辑填充的色块，如图9-65所示。

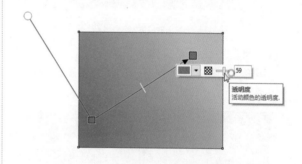

图9-66

49 调整好透明渐变后，设置轮廓为无，如图9-67所示。

图9-67

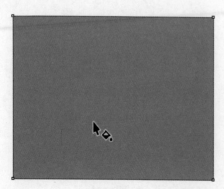

图9-65

50 至此，喜饼包装盒制作完成。

9.3 商业案例——果汁包装设计

9.3.1 设计思路

扫码看视频

■ **案例类型**

本案例是设计一款果汁包装。

■ **设计背景**

橙汁是以橙子味原料通过榨汁机榨的果汁饮料，营养价值高，可通过冷冻的方法饮用或直接饮用，如图9-68所示。

图9-68

■ **设计定位**

根据橙汁的特点，我们将这款果汁包装的整体风格定位为简约、形象，采用手拿式自立袋，开盖即可饮用的环保包装，使消费者拿在手里大小适中，轻重适度，便于携带和直接饮用，如图9-69

所示。

图9-69

9.3.2 配色方案

我们主要使用橙子的橙色作为主色和主角，这样会使消费者联想到橙汁的味道，其次我们会用绿色作为点缀。

■ **主色**

本案例使用橙色作为主色，主要是因为跟橙子和橙汁的色调一致，其次橙色因其具有明亮、华丽、健康、兴奋、温暖、欢乐、辉煌以及容易动人的色感，宜作装饰色。橙色是欢快活泼的光辉色彩，是暖色系中最温暖的色，可以使人联想到金色的秋天、丰硕的果实，是一种富足、快乐而幸福的颜色，如图9-70所示。

图9-70

175

■ 辅助色

辅助色我们使用橙子的叶子作为装饰，主要用于点缀。若只有留白和橙色则太过单调，所以我们使用绿色叶子点缀一下，可以丰富画面。

9.3.3 表现形式与风格

本案例主要使用上下分割结构布局，采用橙子作为主角，采用橙色作为主色，来突出橙汁的特色。

9.3.4 同类作品欣赏

9.3.5 项目实战

■ 制作流程

本案例首先导入素材图像，并调整合适的大小；然后创建标注和添加文字注释；最后导入其他素材图像，如图9-71所示。

图9-71

■ 技术要点

使用"导入"命令导入素材；

使用"文本工具"创建注释；

使用"矩形工具"创建文本框；

使用"贝塞尔工具"创建一些装饰和辅助线。

■ 操作步骤

01 运行CorelDRAW软件，单击工具栏中的"新建"按钮，创建一个新文档。在菜单栏中选择"文件>导入"命令，在弹出的"导入"对话框中选择本书配备资源中的"背景.png"文件，单击"导入"按钮，如图9-72所示。

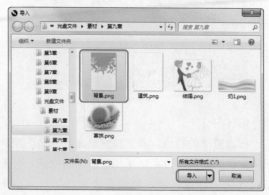

图9-72

02 导入素材后，在舞台中选择导入的素材，在
工具属性栏中调整其宽度为150mm、高度为
225mm，如图9-73所示。

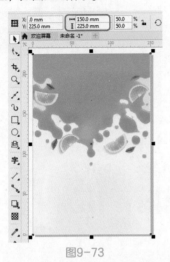

图9-73

03 调整素材的大小后，在工具属性栏中单击"垂
直镜像"按钮，翻转图像，如图9-74所示。

图9-74

04 在菜单栏中选择"文件>导入"命令，在弹出的
"导入"对话框中选择本书配备资源中的"橙
子.png"文件，单击"导入"按钮，如图9-75
所示。

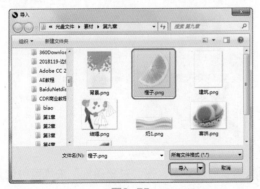

图9-75

05 在舞台中调整导入的橙子素材的位置和大小，
如图9-76所示。

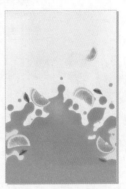

图9-76

06 在菜单栏中选择"文件>导入"命令，在弹出的
"导入"对话框中选择本书配备资源中的"叶
子.png"文件，单击"导入"按钮，如图9-77
所示。

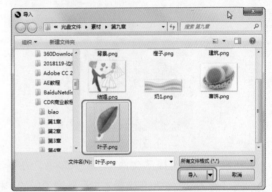

图9-77

07 导入叶子素材后，调整叶子素材的位置和大
小，如图9-78所示。

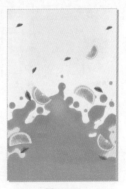

图9-78

08 使用"矩形工具"，在舞台中创建矩形，
设置填充为无，设置轮廓的粗细为0.2mm，设
置轮廓颜色的RGB为252、193、1，如图9-79
所示。

第9章 产品包装设计

177

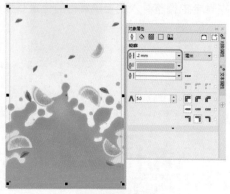

图9-79

09 使用"文本工具"字，在舞台中创建文字标题，如图9-80所示。

图9-80

10 在菜单栏中选择"文件>导入"命令，在弹出的"导入"对话框中选择本书配备资源中的"橙子2.png"文件，单击"导入"按钮，如图9-81所示。

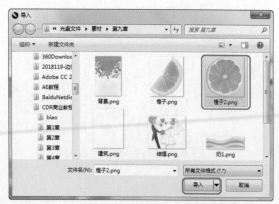

图9-81

11 在舞台中调整"橙子2"素材的位置，如图9-82所示。

12 复制标题文字，并将其放置到标题文字的底部，调整其颜色为黄色，如图9-83所示。

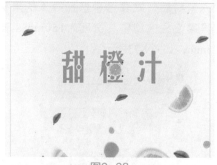

图9-82

图9-83

13 在标题的下方创建一个矩形，填充矩形为橙色，如图9-84所示。

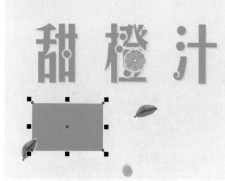

图9-84

14 在标题中输入文本，在"对象属性"泊坞窗中设置文本的字体、颜色和大小，如图9-85所示。

图9-85

15 继续创建文本，在"对象属性"泊坞窗中设置文本的字体、颜色以及大小，如图9-86所示。

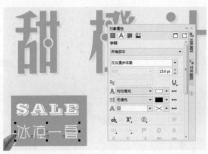

图9-86

16 创建矩形，设置填充为无，轮廓为橙色，如图9-87所示。

图9-87

17 在矩形框中创建文本，设置合适的字体、大小和颜色，如图9-88所示。

图9-88

18 在舞台的中下部分，创建矩形，如图9-89所示。

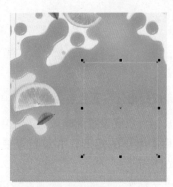

图9-89

19 继续创建矩形，如图9-90所示。

图9-90

20 在舞台中根据两个矩形，绘制图像轮廓，如图9-91所示。

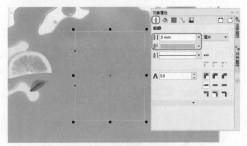

图9-91

21 在如图9-92所示的位置创建矩形，设置填充为黄色，并在矩形内创建文字。

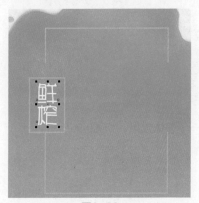

图9-92

22 使用"贝塞尔工具"在舞台中创建线，如图9-93所示，设置轮廓线为白色。

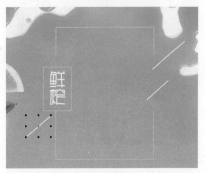

图9-93

23 使用"文本工具"字，在舞台中如图9-94所示的位置创建合适的文字。

图9-94

24 使用"椭圆形工具"○创建椭圆，并在椭圆上创建文字，设置文字的颜色为白色，再复制文字，填充文字为橙色作为阴影。如图9-95所示为创建的文字注释。

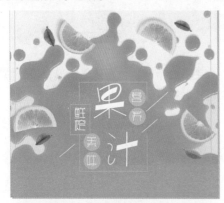

图9-95

25 看一下整体效果，如图9-96所示。

图9-96

26 在包装的右上角创建文字，如图9-97所示。

图9-97

27 在菜单栏中选择"文件>导入"命令，在弹出的"导入"对话框中选择本书配备资源中的"橙子3.png"文件，单击"导入"按钮，如图9-98所示。

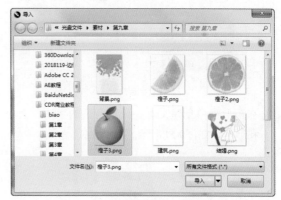

图9-98

28 将导入的素材放置到如图9-99所示的位置，调整其到合适的大小。

图9-99

29 制作完成的橙汁平面包装效果如图9-100所示。

30 下面我们为包装设置明暗效果。在包装的位置创建相同大小的矩形，并设置渐变填充，如图9-101所示。

31 设置填充渐变的矩形的"透明度"中的"合并模式"为"乘"，如图9-102所示。

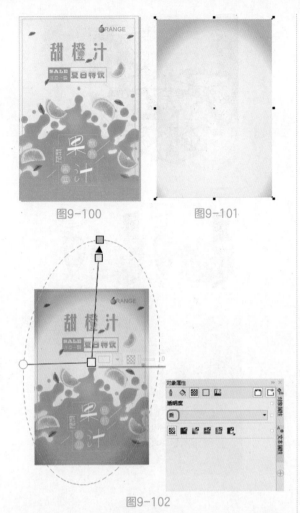

图9-100　　　　　　　　图9-101

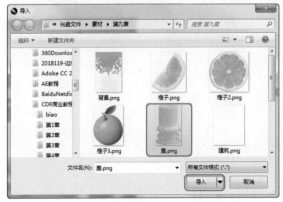

图9-102

32 在菜单栏中选择"文件>导入"命令，在弹出的"导入"对话框中选择本书配备资源中的"盖.png"文件，单击"导入"按钮，如图9-103所示。

图9-103

33 导入图像后，调整盖的位置，如图9-104所示。

图9-104

34 调整素材的角度，使用"贝塞尔工具" 创建线，并使用"智能填充工具" 填充颜色，如图9-105所示。

图9-105

35 继续使用"贝塞尔工具" 创建结构辅助线，使用"智能填充工具" 填充颜色，制作出立体的包装效果，如图9-106所示，填充后删除结构辅助线。

图9-106

36 参考上一个案例制作阴影效果，如图9-107
所示。

图9-107

★ ★ ★ ★
9.4 优秀作品欣赏

第10章

UI设计

UI是指用户界面，目前就不同的用户界面来划分UI设计的话，主要是Web界面设计和移动界面设计，这是现在用户接触最多的界面设计。UI设计最重要的不在于操作什么软件，而是创意和构思，有一个好的构思想法，即便是一些小图标，也让其有自己的特色，突出自身亮点和设计。

本章主要介绍UI设计的一些相关内容和案例。

★★★★ 10.1 UI设计概述

UI设计还是一个需要不断成长的领域。在飞速发展的电子产品中，界面设计工作越来越被重视起来。做界面设计的"美工"也随之被称之为"UI设计师"或"UI工程师"。其实软件界面设计就像工业产品中的工业造型设计一样，是产品的重要卖点。一个电子产品拥有美观的界面会给人带来舒适的视觉享受，拉近人与商品的距离，是建立在科学性之上的艺术设计，如图10-1所示。检验一个界面的标准既不是某个项目开发组领导的意见也不是项目成员投票的结果，而是终端用户的感受。

10.1.1 什么是UI

UI即User Interface(用户界面)的简称，是指用户和某些系统进行交互方法的集合。这些系统不仅仅指电脑程序，还包括某种特定的机器、设备、复杂的工具等。

UI设计不单纯是美术绘画创意，还需要定位针对的使用者、使用环境、使用方式并且为最终用户而设计，是纯粹的科学性的艺术设计。

图10-1

10.1.2　UI设计的原则

随着科技的发展，不久的将来所有的产品会组成一体，变成一个无处不在的电脑，这个电脑控制着用户的所有家用产品和资料。用户只要有自己的一个账号，就可以通过任何一个产品来控制所有其他产品，而所有的产品都具有终端的功能。而这个终端操作的基本形式就是软件的UI设计。以下是UI设计的一些原则。

1. 确认目标用户。在UI设计的过程中，需要设计者确定软件的针对用户，获取最终用户的需求。用户界面的不同会引起交互设计的不同。

2. 清晰明确地设计用户界面。清晰是用户界面设计中一个重要的条件，模糊的界面会影响用户的整体印象。

3. 简洁明了。界面除了清晰，还需要简洁，看上去一目了然。如果界面上充斥着太多的内容，会让用户在查找的时候比较困难和乏味。

4. 界面的一致性。在UI设计时，保持界面风格的一致性不会让用户感到茫然。

5. 界面的美观性。在UI设计时要注重美观度的加强。

10.1.3　UI设计的控件

UI控件包括在用户界面中肉眼可见的一些显示文字的数据，UI控件最典型的就是按钮了，这是用户交互的关键，还有其他的控件，比如滚动条、开关控件、工具栏、文本控件、单选按钮、复选框、进度条、对话框、时间控件、图片控件、日期控件，等等，如图10-2所示。

图10-2

图10-2（续）

对于日益增加的UI控件需求，市场上也出现了很多可供选择的UI控件，以满足用户比较复杂的需求。这些控件可以帮助我们简化UI设计工作，提高工作效率。

10.2　商业案例——手机软件个人中心界面

10.2.1　设计思路

扫码看视频

■　案例类型

本案例是设计一款手机App软件的个人中心界面。

■　项目诉求

手机软件主要是指只能安装在手机上的软件，以完善系统的不足与强调个性化，使手机功能更加完善、丰富，如图10-3所示。

本案例将设计一款手机的个人中心界面，要求使用蓝色和渐变色来设计，应简约大方些。

图10-3

■ 设计定位

根据项目诉求，我们将主要设计一款商务界面，在界面中尽量使用简约的构图色彩，不添加任何装饰素材。

10.2.2 配色方案

配色方案主要使用比较干净的颜色。

■ 主色

主色我们使用大众的商务蓝和白，蓝色在电子产品界面中是最常用的颜色，在商业设计中，强调科技、效率的商品或企业性质，大多选择蓝色当标准色，因为蓝色属于沉稳的颜色，具有理智、准确的意象。白色是百搭色，白色同蓝色一样都是商业设计中最常用的补色。在本案例中蓝色是主色，白色则是补色，如图10-4所示。

图10-4

■ 辅助色

辅助色使用浅灰和黄绿的按钮作为搭配。

■ 其他配色方案

由于主题不同，所以需要设置的颜色也不同。下面我们根据需求制作出了其他三种配色方案，如图10-5所示。绿色界面较为清新，适合活泼的年轻人，偏红色界面适合女性，偏橘色界面适合中老年人。

图10-5

10.2.3 版面设计

整体版面是属于分割构图，由颜色和线条对版面进行分割，上部分为个人信息，下部分为个人的系统设置信息，底部为整体工具。

10.2.4 同类作品欣赏

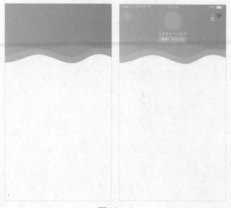

10.2.5 项目实战

■ 制作流程

本案例首先绘制并填充图像；然后绘制基本形状；最后添加文字注释，如图10-6所示。

图10-6

图10-6（续）

■ 技术要点

使用"贝塞尔工具"绘制背景、其他线条以及不规则的图像；

使用"矩形工具"绘制矩形图像；

使用"椭圆形工具"绘制椭圆；

使用"星形工具"结合"椭圆形工具"绘制设置按钮；

使用"文本工具"创建注释；

使用"导入"命令导入素材。

■ 操作步骤

01 运行CorelDRAW软件，新建一个文档，在工具属性栏中设置宽度为225mm、高度为400mm，如图10-7所示。

图10-7

02 使用"矩形工具"□在舞台中创建矩形，在工具属性栏中设置宽度为225mm、高度为

400mm，调整位置为左上角的点，设置X位置为0mm、Y位置为400mm，设置矩形的填充为白色、轮廓为灰色，如图10-8所示。

图10-8

03 在舞台中拖曳出一条水平的辅助线，在工具属性栏中设置Y位置为280mm，如图10-9所示。

图10-9

04 选择创建的矩形，右击鼠标，在弹出的快捷菜单中选择"锁定对象"命令，将矩形锁定，如图10-10所示。

图10-10

05 在舞台中根据辅助线的位置创建如图10-11所示的形状。在"对象属性"泊坞窗中设置填充为渐变，设置渐变类型为"线性渐变" 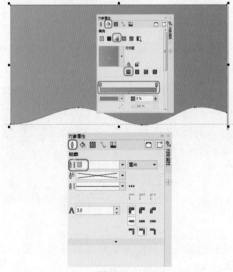，设置颜色由RGB为51、174、229到RGB为49、137、202的渐变，设置图像的轮廓为"无"。

图10-11

06 使用"贝塞尔工具" 在舞台中绘制如图10-12所示的线。

图10-12

07 使用"智能填充工具"  填充图像的颜色，如图10-13所示。

图10-13

08 填充图像后，设置填充的颜色为白色，并设置填充的透明效果，透明度为80，如图10-14所示。

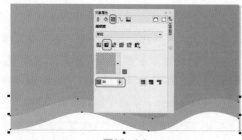

图10-14

09 使用"贝塞尔工具" 在舞台中绘制如图10-15所示的线。

图10-15

10 将底部填充白色的图像移动到其他位置，并填充如图10-16所示的图像。

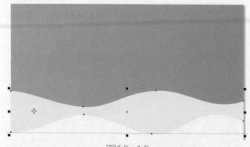

图10-16

11 填充后，设置图像的颜色为白色，设置透明度为90，再将移出的图像移动回来，如图10-17所示。

图10-17

12 将作为辅助的贝塞尔线删除。

13 使用"椭圆形工具" 在舞台的左上角创建圆，设置合适的大小，并设置其轮廓为白色、填充为白色，如图10-18所示。

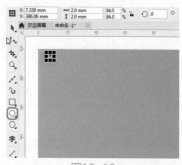

图10-18

14 复制椭圆，如图10-19所示，后面的几个圆可以设置填充为"无"。

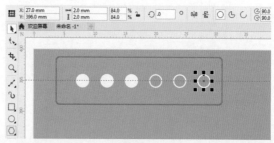

图10-19

15 使用"文本工具" 字 创建文本，并调整文本的大小和颜色，如图10-20所示。

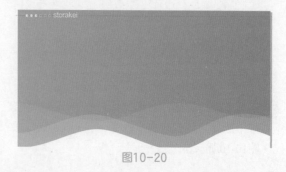

图10-20

16 在文本注释后使用"贝塞尔工具" ✐创建如图10-21所示的倒三角形。

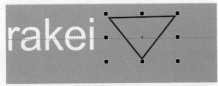

图10-21

17 继续使用"贝塞尔工具" ✐创建并填充图像为白色，如图10-22所示。

图10-22

18 填充后删除辅助线，如图10-23所示。

图10-23

19 继续创建文本，并创建矩形，设置填充和轮廓效果，完成电量显示图像，如图10-24所示。

图10-24

20 使用"椭圆形工具" ◯在舞台中创建椭圆，设置填充为白色、透明度为90，如图10-25所示。

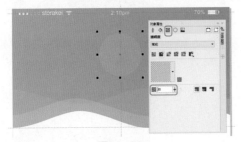

图10-25

21 对圆进行复制，并调整圆的大小，如图10-26所示。

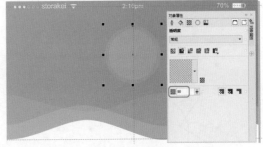

图10-26

22 创建文字，并创建一个矩形，设置圆角，填充白色，设置透明度，在矩形内侧再创建一个矩形，使用"贝塞尔工具" ✐创建辅助线，填充两种灰色，如图10-27所示。

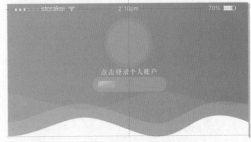

图10-27

23 继续创建文字注释，如图10-28所示。

图10-28

24 使用"贝塞尔工具" ✐创建下载的箭头，使用"椭圆形工具" ◯创建圆，并创建下载数字，如图10-29所示。

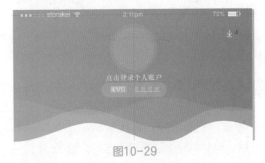

图10-29

25 使用"星形工具"☆创建七角星形，使用"椭圆形工具"◯创建圆，如图10-30所示。创建图形后，在工具属性栏中单击"焊接"按钮🖺。

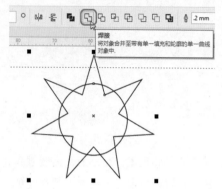

图10-30

26 焊接后，继续创建圆，调整其他效果，在工具属性栏中单击"相交"按钮🖺，如图10-31所示。

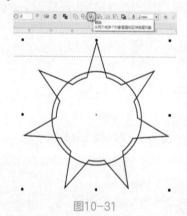

图10-31

27 删除多余的线，使用"椭圆形工具"◯创建内侧圆，如图10-32所示。

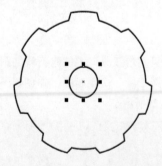

图10-32

28 将创建的设置按钮拖曳到如图10-33所示的位置，设置填充为"无"、轮廓为白色，并设置合适的轮廓粗细，并绘制出"下载"图标形状，具体的绘制这里就不详细介绍了。

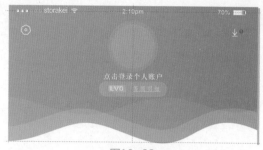

图10-33

29 拖曳出辅助线，分割整个版面，如图10-34所示。

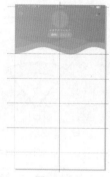

图10-34

30 在作为分割的辅助线上使用"贝塞尔工具"✐创建直线，设置轮廓为0.5mm，设置轮廓的颜色RGB为200、201、201，如图10-35所示。

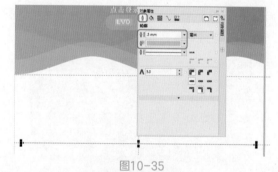

图10-35

31 复制线，效果如图10-36所示。

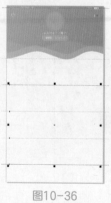

图10-36

32 在菜单栏中选择"文件>导入"命令，在弹出的"导入"对话框中选择本书配备资源中的"按钮01.png~按钮04.png"四个文件，单击"导入"按钮，如图10-37所示。

图10-37

33 在合适的位置单击，即可在单击的位置上插入素材，如图10-38所示。

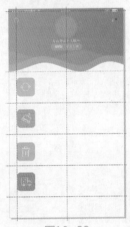

图10-38

34 使用"文本工具" 字 创建文本注释，结合"矩形工具" □ 创建模拟的按钮图标，如图10-39所示。

图10-39

35 在菜单栏中选择"查看>辅助线"命令，取消其命令的勾选，可以在舞台中隐藏辅助线，如图10-40所示。

图10-40

36 在菜单栏中选择"文件>导入"命令，在弹出的"导入"对话框中选择本书配备资源中的"按钮06.png~按钮10.png"文件，单击"导入"按钮，如图10-41所示。

图10-41

37 按钮放置到舞台中的效果如图10-42所示。

图10-42

38 在菜单栏中选择"文件>导入"命令，在弹出的"导入"对话框中选择本书配备资源中的"手机.png"文件，单击"导入"按钮，如图10-43所示。

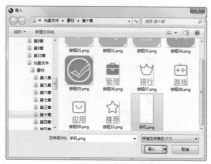

图10-43

39 导入手机图像后，将绘制的界面放置到手机图像上，如图10-44所示。

图10-44

40 至此，手机个人中心界面设计完成。

★★★★ 10.3 商业案例——手机引导登录注册界面

10.3.1 设计思路

扫码看视频

■ 案例类型

本案例是设计一款手机软件的引导页、登录、注册、重置密码界面。

■ 设计背景

随着手机的不断普及，手机软件也越来越多，面对手机用户的需求，平淡无奇的手机UI已不能满足当今人群的需求了。手机UI设计师如何满足用户需求？如何给自己设计的软件盈利？就成为UI设计师需要考虑的问题。手机界面不同于电脑界面，手机界面的设计需要挑战的是在小尺寸的屏幕上放置众多的信息，如图10-45所示。

图10-45

■ 设计定位

本案例设计一款旅游软件，这里将主要设计出一个引导页，以及注册、登录和重置密码界面，尤其是引导页，一定要符合软件的特点和主题。这里我们在主页上将旅游的一些经典作为背景突出旅游软件的主题和效果。

10.3.2 表现形式与风格

本案例主要使用上下间隔的风格布局，将整体信息分布到中间位置，并将风景图像作为背景，整体风格要求简约，重点是没有太多的繁琐内容即可。

10.3.3 同类作品欣赏

10.3.4 项目实战

■ 制作流程

本案例首先导入素材图像，并调整合适的大小；然后创建标注和文字注释，如图10-46所示。

图10-46

图10-46（续）

■ 技术要点

使用"导入"命令导入素材作为背景和装饰图标；

使用"文本工具"创建注释。

■ 操作步骤

01 运行CorelDRAW软件，新建文件，设置舞台的宽度为260mm、高度为470mm，如图10-47所示。

图10-47

02 在菜单栏中选择"文件>导入"命令，在弹出的"导入"对话框中选择本书配备资源中的"风景1.jpg"文件，单击"导入"按钮，如图10-48所示。

图10-48

03 导入图像到舞台中，调整图像的大小和位置，

如图10-49所示。

图10-49

04 使用"矩形工具" ▢，在舞台中创建矩形，设置轮廓为"无"，并设置填充为黑色。在"对象属性"泊坞窗中选中"透明度"按钮▩，从中设置矩形填充的透明度为90，如图10-50所示。

图10-50

05 在前面章节中复制手机顶部的信息到舞台中，如图10-51所示。

06 创建矩形和文本，制作LOGO和跳过按钮，设置矩形的颜色为白色，并设置合适的不透明度，如图10-52所示。

图10-51　　　　图10-52

07 在舞台中创建文字注释，如图10-53所示。

08 继续创建注释标题，如图10-54所示。

09 创建圆作为提示标记，如图10-55所示。

10 使用"矩形工具" □，在舞台底部的区域创建矩形，并设置合适的大小和位置，如图10-56所示。

图10-53　　　　　图10-54　　　　　图10-55　　　　　图10-56

11 在矩形中间位置使用"贝塞尔工具" ✍创建分割线，分别填充蓝色和白色，使用"文本工具" 字创建按钮名称，如图10-57所示。

12 复制制作出的引导页，更换背景图像，如图10-58所示。

图10-57　　　　　　　　　　　　图10-58

13 使用同样的方法复制引导页，并更换背景图像，如图10-59所示。

图10-59

⑭ 复制出一个引导页，重新修改图像的背景为"风景5.jpg"，如图10-60所示。

图10-60

⑮ 修改矩形的不透明度，删除注释文字和按钮，如图10-61所示。

⑯ 添加"注册"文字，如图10-62所示。

图10-61　　　　　图10-62

⑰ 创建两个矩形，设置矩形的圆角和颜色，并设置轮廓为"无"，如图10-63所示。

图10-63

⑱ 在菜单栏中选择"文件>导入"命令，在弹出

的"导入"对话框中选择本书配备资源中的"icn01.png和icn02.png"文件，单击"导入"按钮，如图10-64所示。

图10-64

⑲ 调整两个素材的位置和大小，如图10-65所示。

图10-65

⑳ 在按钮的下方创建一个圆角矩形，设置填充为白色、轮廓为灰色，并设置圆角和大小，如图10-66所示。

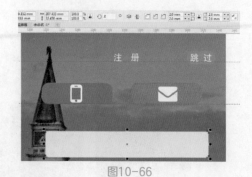

图10-66

㉑ 复制矩形，并设置最后一个矩形的填充为蓝色，添加文字为"注册"，如图10-67所示。

图10-67

22 在菜单栏中选择"文件>导入"命令，在弹出的"导入"对话框中选择本书配备资源中的"我的（2）.png"文件，单击"导入"按钮，如图10-68所示。

图10-68

23 使用同样的方法将其他的素材导入到文件中，如果颜色太深，则可以设置素材的不透明度，并创建文字注释，如图10-69所示。

24 在按钮的下方创建文字内容，并调整背景矩形的合适透明度，如图10-70所示。

图10-69   图10-70

25 复制界面，修改界面内容为"登录"，如

图10-71所示。

26 复制界面，修改界面内容为"忘记密码"，如图10-72所示。

图10-71   图10-72

27 在菜单栏中选择"文件>导入"命令，在弹出的"导入"对话框中选择本书配备资源中的"重置密码.png"文件，单击"导入"按钮，如图10-73所示。

图10-73

28 导入素材后，调整素材的大小，如图10-74所示。

图10-74

29 至此，本案例制作完成。

10.4 商业案例——"水果消消看"游戏界面设计

10.4.1 设计思路

扫码看视频

■ 案例类型

本案例将设计一款小游戏界面。

■ 设计背景

"水果消消看"是一款相同水果抵消来累计积分的休闲类小游戏，主要是相同的水果在一起就会抵消，抵消一组水果就会有一定的积分作为累计。

■ 设计定位

根据游戏类型，我们将设计一款较为卡通的水晶水果作为主要内容，如图10-75所示。本案例将主要设计"水果消消看"的开始游戏界面，所以我们需突出水果和标题，并加一些辅助的色彩和物件来完成游戏界面的设计。游戏界面作为游戏的初始，好与坏都会给人留下一定的印象，所以游戏的开始界面是非常重要的。

图10-75

图10-75（续）

10.4.2 配色方案

色彩上我们将主要使用一些鲜艳的、饱和度高的颜色，这些颜色会使人快乐，由于饱和度高、色彩鲜艳，在玩游戏的过程中也会便于辨认和操作。

■ 主色

本案例主要使用绿色、黄色、红色作为主色。主要是因为水果的色彩比较丰富，给人明亮、华丽、健康、兴奋、温暖、欢乐、辉煌的感觉。

■ 辅助色

辅助色我们使用蓝白色，来冷淡一下饱和度。饱和度太高会使人产生疲劳感，所以要使用一些冷色调来调节一下色彩上的疲劳感。

10.4.3 表现形式与风格

本案例将主要内容放置到中间位置，为中心构图，上下我们则采用留白的遮阳伞图案。如果没有留白，由于整个色彩采用饱和度非常高的素材，整个界面会让人看着太过饱和而凌乱，所以必须用些留白来搭配一下。

10.4.4 项目实战

■ 制作流程

本案例首先制作遮阳伞和按钮；然后导入素材图像；最后创建文字注释，并创建立体字，如图10-76所示。

图10-76

设置其大小和圆角参数，如图10-78所示。

图10-77

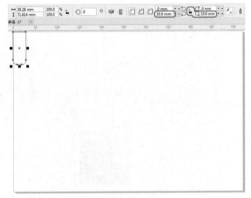

图10-78

■ 技术要点

　　使用"矩形工具"创建矩形和按钮；

　　使用"文本工具"创建注释；

　　使用"导入"命令导入装饰素材；

　　使用"贝塞尔工具"创建一些装饰和辅助线；

　　使用"混合工具"创建立体字。

■ 操作步骤

01　运行CorelDRAW软件，新建文件，设置舞台的宽度为520mm、高度为350mm，如图10-77所示。

02　使用"矩形工具"□，在舞台中创建矩形，并

03　使用"贝塞尔工具"✐在如图10-79所示的位置创建分割线。

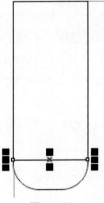

图10-79

04　使用"智能填充工具"⬛，填充分割线上方的矩形，设置矩形的填充为渐变，设置渐变类型为"线性渐变"▦，设置渐变的颜色RGB为80、80、80到RGB为237、237、237到RGB为245、245、245的渐变，使用"交互式填充"按钮◇调整渐变填充，如图10-80所示。

05　使用"智能填充工具"⬛填充分割线下方的

圆角矩形区域，设置填充的RGB为245、245、245，如图10-81所示，删除分割线。

图10-80

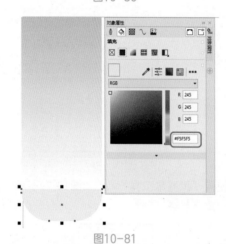

图10-81

06 在舞台中复制调整好的图像，并修改渐变填充的RGB为84、132、201到RGB为102、191、255到RGB为140、204、250的渐变，如图10-82所示。

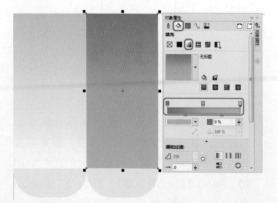

图10-82

07 修改如图10-83所示图像的填充RGB为111、194、254。

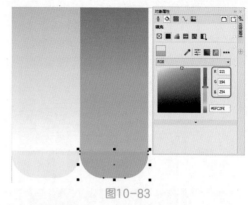

图10-83

08 复制并调整图像，如图10-84所示。

图10-84

09 使用"矩形工具" □ ，在舞台中绘制与舞台大小相同的矩形，并调整矩形的位置，设置轮廓为"无"，设置矩形的填充CMYK为62、0、100、0，如图10-85所示。

图10-85

10 设置填充后，继续选择矩形，在"对象属性"泊坞窗中选中"透明度"按钮▨，切换到"透明度"填充面板，单击"向量图样透明度"按钮▨▨，选择向量图，设置合适的参数，如图10-86所示。

11 在舞台中选择遮阳伞页，将其成组，成组后使用"阴影工具" □ 设置图像的阴影，如图10-87所示。

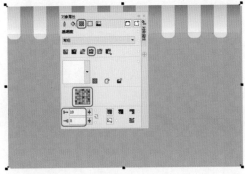

图10-86

图10-87

12 复制遮阳伞，并删除圆角区域的图像，调整图像的大小，如图10-88所示。

图10-88

13 使用"贝塞尔工具" 绘制图像，并填充颜色，如图10-89所示。

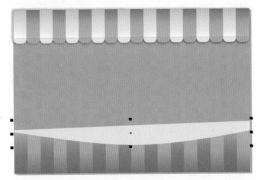

图10-89

14 选择成组的蓝色底部图像，并选择填充颜色的图像，在工具属性栏中单击"移除前面对象"按钮修剪图像，如图10-90所示。

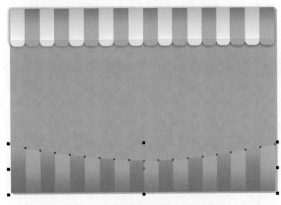

图10-90

15 在舞台底部创建矩形，设置填充颜色为黑色，设置填充的透明度为70，如图10-91所示。

图10-91

16 使用"贝塞尔工具" 绘制图像，填充白色颜色，如图10-92所示。

图10-92

17 在"对象属性"泊坞窗中设置透明度为"椭圆形渐变透明度"，调整填充，如图10-93所示。

图10-93

18 在舞台如图10-94所示的位置创建图形，设置填充颜色为白色，设置填充的透明度为90%，作为高光的区域。

图10-94

19 在菜单栏中选择"文件>导入"命令，在弹出的"导入"对话框中选择本书配备资源中的"水果1.png～水果12.png和水果点.png、水果点1.png"文件，单击"导入"按钮，如图10-95所示。

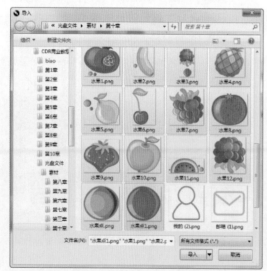

图10-95

20 分别在舞台的空白处单击，将选择的素材添加到舞台中，调整位置和大小，如图10-96所示。

图10-96

21 将所有的水果素材文件成组，调整水果的位置，并在如图10-97所示的位置处创建两个矩形作为修剪使用的图像。

图10-97

22 选择水果组和两个矩形，在工具属性栏中单击"移除前面对象"按钮，修剪图像，如图10-98所示。

图10-98

23 在舞台中导入樱桃素材，并调整其位置，如图10-99所示。

图10-99

24 使用"文本工具" 字 在舞台中创建文字标题，复制文字并调整其大小，如图10-100所示。

图10-100

25 使用"调和工具" ，在较小的文本到较大的文本上拖曳出作用线，制作出如图10-101所示的效果。

图10-101

26 选择调和后最底下的文本，调整其颜色为黄色，选择上面较大的文字将其设置为橘红色。复制文本，并设置文本的颜色为红色，设置描边为白色，如图10-102所示。

图10-102

27 使用"贝塞尔工具" 创建分割线，如图10-103所示。

图10-103

28 使用"智能填充工具" 填充，如图10-104所示，设置填充颜色为白色。

图10-104

29 删除分割线，设置填充的透明度为50，如图10-105所示。

图10-105

30 在菜单栏中选择"文件>导入"命令，在弹出的"导入"对话框中选择本书配备资源中的"字装饰.png"文件，单击"导入"按钮，如图10-106所示。

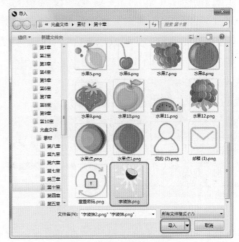

图10-106

31 导入后将装饰放置到标题上，如图10-107所示。

图10-107

③ 使用"矩形工具" ▢，在舞台中标题下方创建圆角矩形，如图10-108所示。

图10-108

③ 设置矩形轮廓为较粗的白色，使用"贝塞尔工具" ✎ 创建分割线，填充白色，设置白色的透明度，最后删除分割线，如图10-109所示。

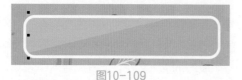

图10-109

③ 设置矩形的填充为渐变填充，设置填充类型为"椭圆形渐变填充" ▨，设置渐变颜色是从RGB为25、127、58到RGB为117、188、57的渐变颜色，如图10-110所示，调整渐变效果。

图10-110

③ 使用"交互式填充"按钮 ◈ 调整渐变填充效果，如图10-111所示。

图10-111

③ 在矩形上创建文字，如图10-112所示。

图10-112

③ 至此，本案例制作完成。

★★★★
10.5 优秀作品欣赏

VI设计是企业的视觉设计，VI设计是传播企业经营理念、建立企业知名度、塑造企业形象的捷径。企业通过VI设计，对内可以征得员工的归属感，加强企业的凝聚力，对外可以树立企业的整体形象、传达企业信息给受众。

本章讲解VI设计的概念和一些常识，并通过案例使读者对VI设计有更深入的了解。

11 第11章 VI设计

★★★★ 11.1 VI设计概述

VI的主要内容包括：企业名称、标志、标准字、标准色、象征图案、宣传口语、市场报告书等。下面我们来了解一下什么是VI。

11.1.1 什么是VI

所谓VI设计，是指将以标志为核心的所有视觉识别要素，运用统一的整体传达系统，传达给组织内部和外部人群，从而实现良性认同和沟通。

VI是市场营销系统中有传播力和感染力的一种营销方式。人们所感知的外部信息，包括所有视觉所及的传达物，是一个庞大的系统，如办公事务系统中的信封、信纸、便笺、公函、名牌、胸卡、凭单、公文封、公文夹，合同、卡片、请柬、工作证、备忘录、票据，等等，如图11-1所示。

图11-1

图11-1（续）

11.1.2 VI设计的基本要素

VI设计从根本上规范了企业的视觉基本要素。基本要素系统是企业形象的核心部分，是企业VI设计的基本要素。以下则是VI设计的基本要素。

1. 企业名称。企业名称与企业形象紧密联系，是市场营销设计的前提条件，是采用文字来标识的要素。

2. 企业标识。企业的形象标志是企业的识别符号，是市场营销的核心造型，通过简洁、生动的形象传达企业的内容或信息等。

3. 标准字。包括中英文字体。标准字是根据企业名称、标题和地址来进行设计的。

4. 标准色。图案、LOGO、标准字等都属于标准色的设计。

5. 象征图案。象征图案并不是企业标志，是标志图形的补充，通过使用象征图案的丰富造型，来补充标志建立的企业形象，使其意义更完整、更易识别。

6. 标语口号。类似于标题与副标题，是企业概念的精简概况，通过文字宣传的标语。

★★★★ 11.2 商业案例——糕点VI设计

11.2.1 设计思路

■ 案例类型

本案例将前面章节中设计的包装效果，制作成统一的VI效果。

扫码看视频

■ 项目诉求

在前面章节中本款糕点设计了盒装的包装效果，本案例介绍将包装图案放置到手提袋、封口袋和杯子上，要求做到色调、文字、LOGO的统一。

■ 设计定位

根据不同的包装，将不重要的底纹和辅助花纹适量删减，重点保留企业的名称、标识、象征图案和口号。

11.2.2 版面设计

整体版面采用了上下结构的版面构图方式，

上部分我们将采用手绘图像作为包装的主角，重复使用和较大的版面会给人深刻的印象，以后看到该图像就会想到本产品；下部分为商品的信息。这样的构图方式稳定了整个版面，突出了商品的品牌形象。

11.2.3 同类作品欣赏

11.2.4 项目实战

■ 制作流程

本案例首先导入素材，并打开前面章节制作的包装素材，复制粘贴到舞台中；然后通过调整素材制作出糕点的整体VI效果，如图11-2所示。

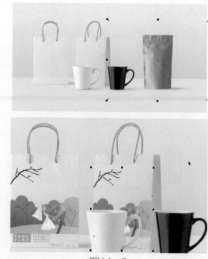

图11-2

图11-2（续）

■ 技术要点

使用"导入"命令导入素材；

使用"透明度"面板设置合并模式；

使用"形状工具"调整形状；

结合工具属性栏和"对象属性"泊坞窗调整图像。

■ 操作步骤

01 运行CorelDRAW软件，新建一个文档，在菜单栏中选择"文件>导入"命令，在弹出的"导入"对话框中选择本书配备资源中的"杯子.png和手提袋.png"文件，单击"导入"按钮，如图11-3所示。

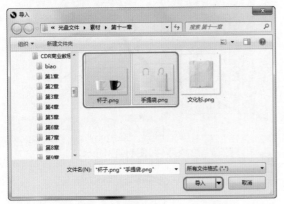

图11-3

02 导入素材后，在舞台中调整两个素材的位置和排列，如图11-4所示。

图11-4

03 在舞台中创建两个矩形，选择如图11-5所示的

矩形，设置轮廓为"无"，设置填充为渐变，设置渐变从RGB为222、222、222到RGB为245、245、245，并调整渐变的效果。

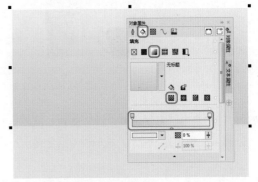

图11-5

04 填充下面的矩形RGB为238、238、238，如图11-6所示，并调整图像的位置。

图11-6

05 在菜单栏中选择"文件>导入"命令，在弹出的"导入"对话框中选择本书配备资源中的"封口袋.png"文件，单击"导入"按钮，如图11-7所示。

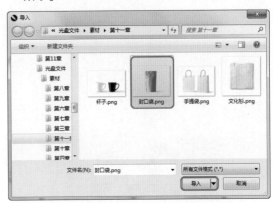

图11-7

06 导入素材后，调整素材的位置，并调整作为背景图像的大小和位置，如图11-8所示。

图11-8

07 打开第9章中"喜饼包装设计"文件,从中选择包装画,如图11-9所示,按Ctrl+C组合键。

图11-9

08 切换到本案例的舞台中,按Ctrl+V组合键,将图像粘贴到舞台中,并调整图像的位置和大小,删除不需要的图像和素材,如图11-10所示。

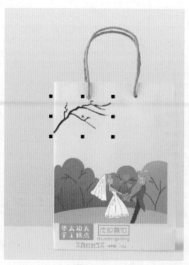

图11-10

09 在舞台中选择作为树枝的图像,在菜单栏中选择"位图>转换为位图"命令,在弹出的"转换为位图"对话框中保持默认参数设置,如图11-11所示。

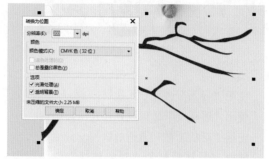

图11-11

10 在舞台中手提袋树枝伸出的区域部分创建矩形,并选择树枝和矩形,在工具属性栏中单击"移除前面对象"按钮,如图11-12所示。

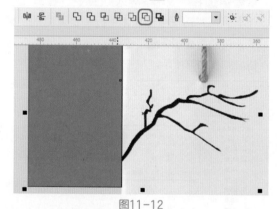

图11-12

11 调整图像后的效果如图11-13所示。

图11-13

⑫ 在舞台中如图11-14所示的位置创建矩形，设置透明度渐变，透明渐变为100%到50%。

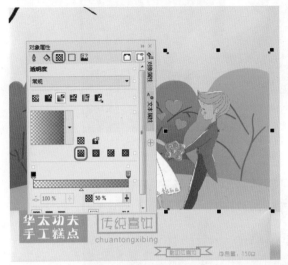

图11-14

⑬ 填充矩形的RGB为227、227、227，如图11-15所示。

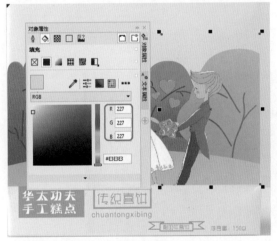

图11-15

⑭ 复制图像到另一个手提袋上，并调整其角度，如图11-16所示。

图11-16

⑮ 在舞台中复制一部分元素到水杯上，如图11-17所示。

图11-17

⑯ 选择象征图像，设置透明度的"合并模式"为"乘"，如图11-18所示。

图11-18

⑰ 复制水杯图像到黑色的水杯上，设置象征图像的透明度的"合并模式"为"添加"，如图11-19所示。

图11-19

⑱ 复制图像到牛皮袋上，设置如图11-20所示的图像的透明度的"合并模式"为"乘"。

图11-20

19 设置如图11-21所示的素材透明度的"合并模式"为"乘"。

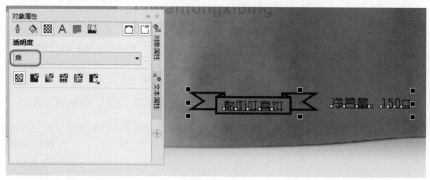

图11-21

20 选择地面图像，设置素材透明度的"合并模式"为"乘"，如图11-22所示。

图11-22

21 在舞台中选择牛皮纸上的云和背景建筑，并设置透明度的属性，如图11-23所示。

图11-23

22 复制标题到如图11-24所示的位置。

图11-24

23 使用"形状工具"，调整图像贴紧到牛皮纸包装的大小，如图11-25所示。

图11-25

24 调整完成后的VI包装效果如图11-26所示。

图11-26

25 至此，本案例制作完成。

★★★★
11.3 商业案例——茶馆VI设计

11.3.1 设计思路

扫码看视频

■ 案例类型

本案例将制作一款茶馆VI包装设计。

■ 项目诉求

根据提供的LOGO来设计制作VI包装，VI主要包括手提袋、包装袋、名片、茶叶盒、茶叶包，包装要求使用简单的色调，在已有的LOGO基础上制作其他的标题和辅助素材。

■ 设计定位

根据项目诉求，挑选出合适的模板，在模板和LOGO的基础上，我们将添加一些色调相同的简约装饰。如图11-27所示是茶馆提供的LOGO和将要使用的模板。

图11-27

11.3.2 版面设计

整体构图方式为中心版面构图，无论怎么排列，重要的信息都将在商品包装的中心位置呈现出来，这种版面构图可以使人的注意力集中到中心位置。

11.3.3 同类作品欣赏

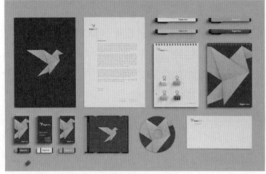

11.3.4 项目实战

■　制作流程

本案例首先导入素材图像，打开提供的LOGO；然后绘制装饰形状；最后创建文字注释，如图11-28所示。

图11-28

图11-28（续）

■　技术要点

使用"导入"命令导入素材；
使用"椭圆形工具"创建文字路径；
使用"文本工具"创建注释；

使用"矩形工具"创建圆角矩形；

使用"贝塞尔工具"创建不规则形状。

■ 操作步骤

01 运行CorelDRAW软件，新建一个文档，在菜单栏中选择"文件>导入"命令，在弹出的"导入"对话框中选择本书配备资源中的"02.png"文件，单击"导入"按钮，如图11-29所示。

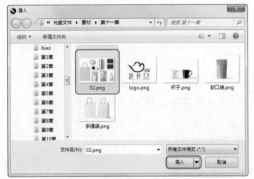

图11-29

02 将素材放置到舞台中，如图11-30所示。

图11-30

03 在菜单栏中选择"文件>导入"命令，在弹出的"导入"对话框中选择本书配备资源中的"logo.png"文件，单击"导入"按钮，如图11-31所示。

图11-31

04 将素材导入到舞台中，并调整LOGO的大小，如图11-32所示。

图11-32

05 选择导入的LOGO，在"对象属性"泊坞窗中选中"透明度"按钮，设置合并模式为"叠加"，如图11-33所示。

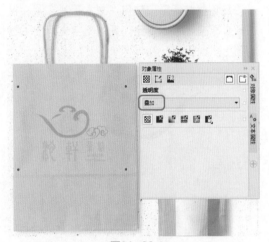

图11-33

06 对LOGO进行复制，继续设置合并模式为"叠加"，如图11-34所示。

图11-34

07 对LOGO继续进行复制，设置合并模式为"常规"，设置透明度为50，如图11-35所示。

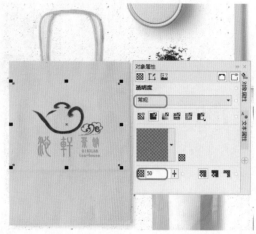

图11-35

08 使用"椭圆形工具" ◯，在如图11-36所示的位置创建椭圆形，使用"文本工具" 字在椭圆形上单击，可以看到闪烁的文字光标附着在椭圆上。

图11-36

09 当光标闪烁后，输入需要的文字，并设置合适的文字属性，如图11-37所示。

图11-37

10 设置文字的颜色为灰色，设置"字间距"为130%，如图11-38所示。

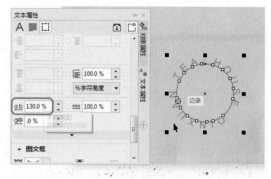

图11-38

11 在工具属性栏中调整文字的"偏移"参数，直到将主要内容调整到上方，如图11-39所示。

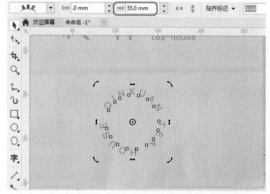

图11-39

12 调整后的手提袋包装效果如图11-40所示。

图11-40

13 复制手提袋上的包装素材到封口袋上，使用"文本"工具 字创建其他注释文字，如图11-41所示。

14 使用"贝塞尔工具" ✐在如图11-42所示的位置创建图像，并设置图像的填充RGB为43、151、57。

图11-41

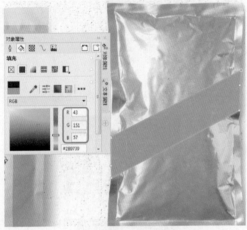

图11-42

15 填充图像为绿色后，在"对象属性"泊坞窗中选中"透明度"按钮■，并设置合并模式为"乘"，如图11-43所示。

图11-43

16 在如图11-44所示的位置创建圆角矩形，并设置填充为白色，然后对该圆角矩形进行复制。

图11-44

17 在舞台中选择绿色的图像和其中一个矩形，在工具属性栏中单击"移除前面对象"按钮■，修剪图像，如图11-45所示。

图11-45

18 修剪图像后，设置另一个圆角矩形在"对象属性"泊坞窗中，选中"透明度"按钮■，设置合并模式为"柔光"，如图11-46所示。

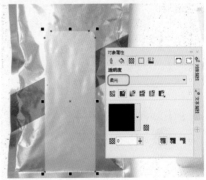

图11-46

19 将LOGO和文字注释复制到如图11-47所示的位置。

20 继续复制文字注释到布袋上，如图11-48所示。

图11-47　　　　　图11-48

21 继续复制和调整文字注释到瓶盖上，如图11-49所示。

图11-49

22 复制圆角矩形、LOGO和注释到瓶身上，如图11-50所示。

图11-50

23 在舞台中将LOGO复制到名片的位置，在"对象属性"泊坞窗中选中"透明度"按钮，设置合并模式为"除"，如图11-51所示。

图11-51

24 在名片的另一面创建圆角矩形，并设置合适的参数，设置填充为白色。在"对象属性"泊坞窗中选中"透明度"按钮，设置合并模式为"叠加"，如图11-52所示。

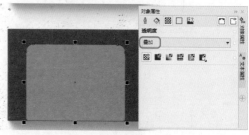

图11-52

25 在名片上创建文字注释，如图11-53所示。

图11-53

26 调整和制作完成的茶叶包装VI效果如图11-54所示。

图11-54

27 至此，本案例制作完成。

11.4 优秀作品欣赏

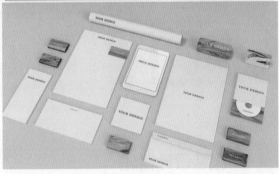

12

第12章

服装设计

以前都是用手绘的方式来设计服装，随着科技的不断进步和时代的发展，现在已经摒弃了手绘方式来设计服装。所以服装设计者都必须精通一款服装设计软件。

本章将介绍如何使用CorelDRAW设计服装。CorelDRAW 一般用作制作服装款式平面图和服装工艺制单。

12.1 服装设计概述

衣服是我们日常生活中的必需品，是一种物品。既然是物品，就会有形状。要想成形状就必须有衣料，而其衣料就是彩色的，由此可以得出服装设计的三个重要元素：款式、色彩和材料。

服装造型包括外部造型和内部造型。其外部造型主要是指服装的轮廓剪影，内部造型指服装内部的款式。服装的外部造型是设计的主题，内部造型设计要符合外观的风格特征，内外造型应相辅相成。

服装色彩在于色彩的搭配上，服装色彩的搭配艺术可以通过对比、调和、点缀、呼应等搭配艺术来调整服装色彩。

服装材料是指服饰的面料材质。

12.1.1 什么是服装设计

服装设计从字面上理解就是设计服装。服装是指衣服、鞋帽、珠宝等一切的总称，泛指可以用来装饰的物品，也就是服饰类。服装设计就是将构思的服饰用手绘的方式展现出来的一种行为，如图12-1所示。

服装设计是一门造型艺术、是时尚与创意的结合，由一般的形态和内容组成。服装设计依照美的

规律，运用造型法则，在色与质上造就出时尚、前沿的服饰。

图12-1

服装设计一般要先有一个构思和设想，然后收集资料，确定设计方案。其方案主要内容包括：服装整体风格、主题、造型、色彩、面料、服饰品的配套设计等。

服装设计的构思是一种十分活跃的思维活动，可以通过一段时间的酝酿创意而成，也可以通过一种实物、一种环境来激发创意。设计师可以从各个方面挖掘题材，构思创意。在构思的过程中，设计者可以通过纸笔，以草图的形式来表达出来这种构思，并逐步修改和补充，最后使用软件绘制出服装设计图。

12.1.2　服装设计的原则

服装设计追求的就是实用与美的展现。以人体为对象，以设计图为基础，与各种技能相结合，运用一定的表现技法得到完整造型。但总的来说，服装设计都要遵循以下五项原则。

1.服装设计的统一原则。服装的部分与整体要素要有统一的原则。统一常用的方法就是重复，如重复使用色彩、线条等。变化太多就会破坏一致的效果。

2.服装设计的强调原则。虽然在服装设计中要注重统一的原则，但过分地统一，往往会过于平淡。在设计过程中可以将服装的一部分设计得特别醒目，以造成设计上的趣味性和中心性。

3.服装设计的平衡原则。服装设计的平衡原则有对称和非对称两种。前者是以人体中心为想象线，左右两部分完全相同。后者是将衣服左右设计为不一样，但有平稳的感觉。

4.服装设计的比例原则。服装设计的比例原则是指服装各部分大小的分配要适当。

5.服装设计的韵律原则。服装设计的韵律是指色彩规律的反复，从而产生渐变、柔和的动感效果。

12.2　商业案例——衬衣款式设计

12.2.1　设计思路

扫码看视频

■　案例类型

本案例将设计一款长、短袖衬衣。

■　项目诉求

本案例将制作一款短袖和长袖的衬衣外观款式，衬衣是服装中最为常见的，适合广大的消费群众，既要体现出衬衣的功能又要表现出衬衣的不同之处，如图12-2所示。

图12-2

■　设计定位

所谓的服装款式就是外观设计，根据项目诉求，设计之初首先要绘制出基本的衬衣效果，然后在衬衣上添加一些补充设计内容，例如添加扣子或颜色，在不凌乱的基础上尽量添加装饰效果。

12.2.2　款式设计

由于消费群体针对的是中年，所以在款式上我们将衬衣设计为直筒式衬衣，舒适是前提条件。

12.2.3　同类作品欣赏

12.2.4 项目实战

■ 制作流程

本案例首先绘制矩形，并将矩形转换为曲线；然后绘制其他区域的线条和形状；最后为图像填充合适的颜色，如图12-3所示。

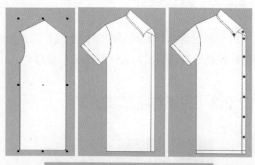

图12-3

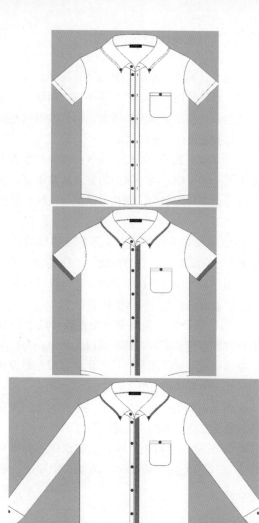

图12-3（续）

■ 技术要点

使用"矩形工具"绘制基础图像和口袋；

使用"椭圆形工具"绘制扣子；

使用"贝塞尔工具"绘制不规则的形状和线段；

使用"虚拟段删除工具"删除相交线段；

使用"填充工具"填充图像颜色；

使用工具属性栏和"对象属性"泊坞窗设置图像的属性。

■ 操作步骤

01 运行CorelDRAW软件，新建一个文档，使用"矩形工具"□，在舞台中创建宽度为100mm、高度为250mm的矩形，如图12-4所示。

02 在菜单栏中选择"对象>转换为曲线"命令，如图12-5所示。

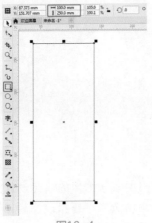

图12-4

图12-5

03 转换为曲线后，使用"形状工具" 在矩形上双击，添加控制点，并调整控制点，如图12-6所示。

04 选择其中需要调整为曲线的顶点，在工具属性栏中选中"转换为曲线"按钮，出现控制手柄后，调整出曲线的效果，如图12-7所示。

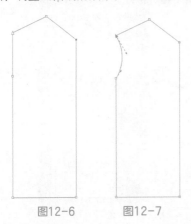

图12-6   图12-7

05 使用"矩形工具" 创建一个较大的矩形，设置填充为灰色，设置轮廓为"无"，如图12-8所示。

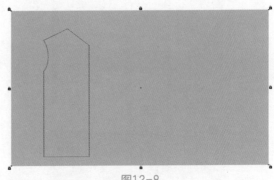

图12-8

06 将调整的衣服图像填充为白色，设置轮廓为黑色，如图12-9所示。

07 使用"贝塞尔工具" 创建衬衣的袖子，如图12-10所示。

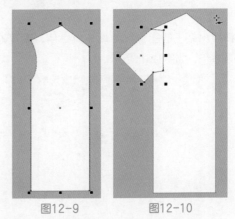

图12-9   图12-10

08 将袖子图像调整到衣服图像的下方，使用"贝塞尔工具" 创建袖口的线，如图12-11所示。

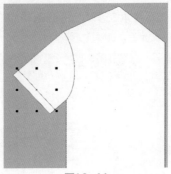

图12-11

09 在领口的位置添加控制点，调整领口的圆弧，如图12-12所示。

10 使用"贝塞尔工具" 创建领子图像，如图12-13所示。

图12-12

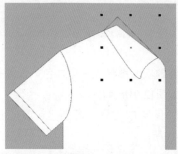

图12-13

11 调整出领子的图像，并填充为白色，设置轮廓为黑色，如图12-14所示。

图12-14

12 使用"贝塞尔工具" 创建领口的线，如图12-15所示。

图12-15

13 对领子图像进行复制，并调整图像的位置，如图12-16所示，可以看到下端两边的线段都与后面图像有交叉。

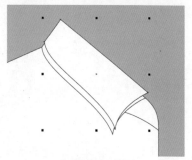

图12-16

14 将复制出的领子图像的填充设置为"无"，在工具箱中选中"虚拟段删除工具" ，如图12-17所示。

图12-17

15 删除交叉多余的线段，如图12-18所示。

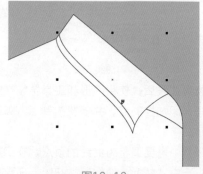

图12-18

16 继续创建开襟线，如图12-19所示。

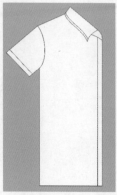

图12-19

⑰ 在服装的底部绘制一条线，如图12-20所示。

⑱ 使用"椭圆工具"○，在舞台中绘制五个圆，并选中五个圆，在工具属性栏中单击"合并"按钮□，如图12-21所示。

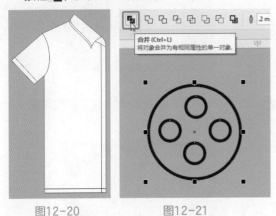

图12-20　　　　　图12-21

⑲ 合并后设置填充为黑色，并设置轮廓为"无"，如图12-22所示，调整扣子的位置和大小。

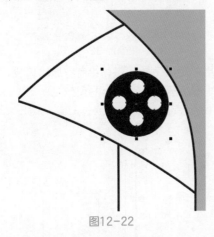

图12-22

▶ 虚拟段删除工具的使用技巧

"虚拟段删除工具"▯隐藏于"裁剪工具"▱中，主要用于删除重叠的线段，如图12-23所示，只需选中该工具并在需要删除的线段上单击，即可删除重叠的线段。

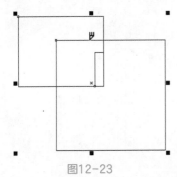

图12-23

图12-23（续）

⑳ 对扣子进行复制，如图12-24所示。

图12-24

㉑ 复制扣子到领子上，如图12-25所示。

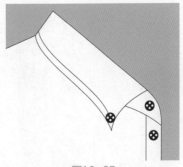

图12-25

㉒ 将左侧的衬衣图像复制到右侧，如图12-26所示。

图12-26

㉓ 删除右侧的扣子，并绘制矩形，如图12-27所示。

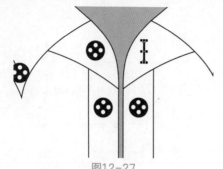

图12-27

㉔ 绘制的图像如图12-28所示。

图12-28

㉕ 对领子图像进行调整，调整到合适的效果，如图12-29所示。

图12-29

㉖ 调整衬衣下边的圆角，如图12-30所示。

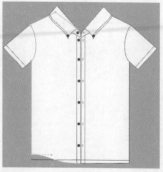

图12-30

㉗ 继续调整衬衣下边的线，如图12-31所示。

图12-31

㉘ 使用同样的方法调整衬衣右侧下边的圆角，如图12-32所示。

图12-32

㉙ 使用"矩形工具" □，绘制衣服的口袋，并调整矩形的圆角，如图12-33所示。

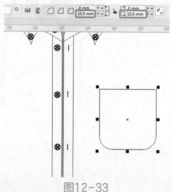

图12-33

㉚ 使用"贝塞尔工具" ✐，绘制直线，并复制扣子，如图12-34所示。

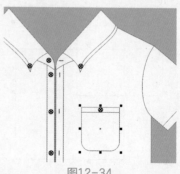

图12-34

31 创建辅助线，调整领口的弧度，如图12-35所示。

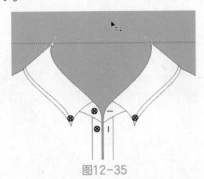

图12-35

32 使用"贝塞尔工具"✐创建内侧衬衣领口后面的布料，并填充为白色，如图12-36所示。

图12-36

33 调整图像的排列位置，如图12-37所示。

图12-37

34 使用"贝塞尔工具"✐创建内侧领子的形状，如图12-38所示。

图12-38

35 复制并调整图形形状，如图12-39所示。

图12-39

36 使用"矩形工具"□创建矩形，并填充矩形为黑色，如图12-40所示。

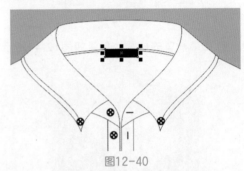

图12-40

37 在矩形上使用"文本工具"字创建文字，如图12-41所示。

图12-41

38 使用"智能填充工具"▲填充如图12-42所示的红边。

图12-42

下面接着创建长袖衬衣。

■ 操作步骤

① 对短袖衬衣图像进行复制，复制出一个衬衣后，修改袖子的长度，如图12-43所示。

图12-43

② 在舞台中袖口的位置处创建如图12-44所示的图像。

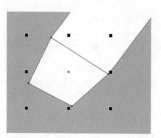

图12-44

③ 继续创建如图12-45所示的图像。

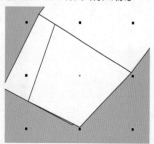

图12-45

④ 选择创建的两个图像，在工具属性栏中单击"修剪"按钮，如图12-46所示。

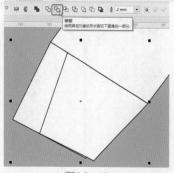

图12-46

⑤ 删除不需要的图像和线段，并调整成如图12-47所示的圆角效果。

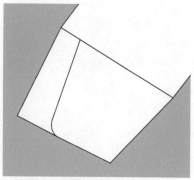

图12-47

⑥ 复制扣子到如图12-48所示的位置。

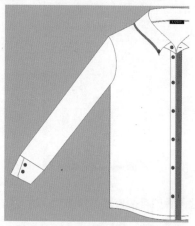

图12-48

⑦ 复制袖子到另一侧，如图12-49所示。

图12-49

⑧ 至此，衬衣款式设计就完成了，如图12-50所示。

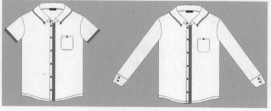

图12-50

12.3 商业案例——连衣裙款式设计

图12-51

■ 设计定位

根据项目需求，我们将设计一款带有蝴蝶结的肩带式连衣裙。根据针对的人群，我们将采用白色和红色进行搭配，制作出俏皮、亮丽的连衣裙效果，如图12-52所示。

图12-52

12.3.1 设计思路

扫码看视频

■ 案例类型

本案例是设计一款连衣裙款式。

■ 项目诉求

连衣裙是一种服装的品类，是年轻女孩在夏天时的首选。如图12-51所示，是吊带背心和裙子连在一起的服装。根据客户需求，该款连衣裙将针对年轻女孩，希望将裙子设计为性感束腰的款式。

12.3.2 款式设计

肩带将使用吊带宽带。因为是日常穿的裙子，较粗的肩带也会比较舒服，并且在肩带上放置两个蝴蝶结，体现出俏皮、可爱的效果。使用中长的款式，遮肉效果好；腰带是为了体现凹凸的体态，俏皮中带有些许成熟的美丽大方。

12.3.3　同类作品欣赏

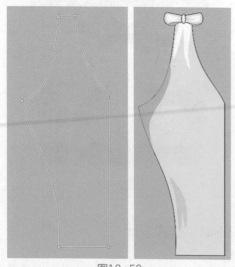

12.3.4　项目实战

■　制作流程

本案例首先绘制基本形状；然后调整图像的形状；绘制褶皱和明暗效果，如图12-53所示。

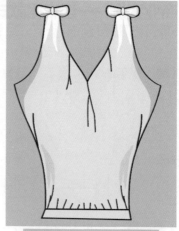

图12-53（续）

■　技术要点

使用"矩形工具"绘制基本图像；

使用"贝塞尔工具"绘制变形图像；

使用"手绘工具"绘制褶皱和明暗；

使用"形状工具"调整图像的形状；

使用工具属性栏和"对象属性"泊坞窗设置对象的属性和效果。

图12-53

■ 操作步骤

01 运行CorelDRAW软件，新建一个文档，使用
"矩形工具" □ 在舞台中创建矩形，在工具属
性栏中设置宽度为65mm、高度为170mm，如
图12-54所示。

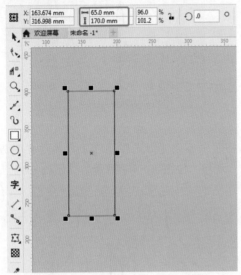

图12-54

02 将矩形转换为曲线，如图12-55所示。

03 在矩形上添加控制点，调整图像的形状，如
图12-56所示。

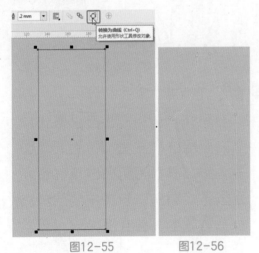

图12-55   图12-56

04 设置图像的填充为白色，使用"矩形工具" □
创建如图12-57所示的矩形作为蝴蝶结的基础
图像。

05 将矩形转换为曲线，调整图像的效果，如
图12-58所示。

06 调整好图像后复制且镜像图像，如图12-59
所示。

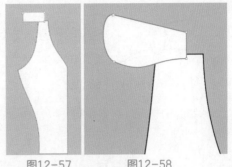

图12-57   图12-58

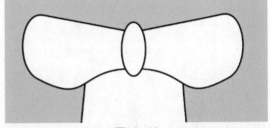

图12-59

07 使用"贝塞尔工具" ✐ 创建蝴蝶结底部的褶
皱，如图12-60所示。

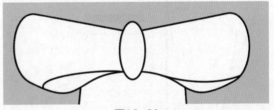

图12-60

08 使用"贝塞尔工具" ✐ 创建出明暗效果，如
图12-61所示。

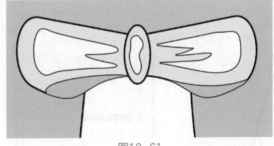

图12-61

09 为了方便绘制明暗效果，可以将衣服填充为
10%的灰色，如图12-62所示，删除蝴蝶结明暗
的辅助线，或设置明暗图像的轮廓为"无"。

10 使用"贝塞尔工具" ✐ 和"智能填充工具" ⬛
填充阴暗区域，如图12-63所示。

11 设置服装的轮廓为1mm，使用"手绘工具"
⯟ 绘制褶皱线，如图12-64所示。

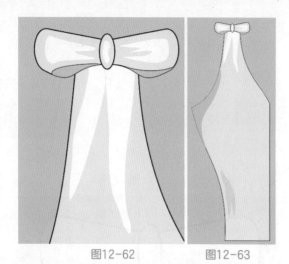

图12-62　　　　　　　　　图12-63

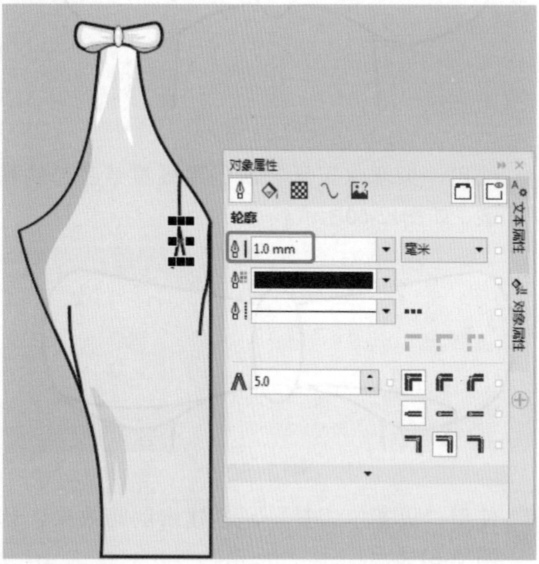

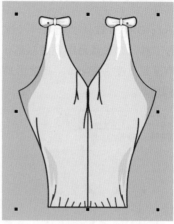

图12-66

⑭ 将两个原始矩形选中，在工具属性栏中单击
"焊接"按钮🔲，焊接图像，如图12-67所示。

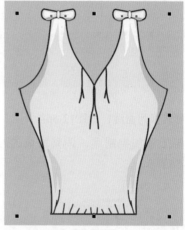

图12-67

⑮ 调整褶皱，如图12-68所示。

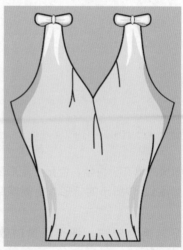

图12-68

⑯ 使用"矩形工具"🔲，创建出腰带，并将其转
换为曲线，调整其效果，如图12-69所示。

图12-64

⑫ 使用"手绘工具"🖊绘制腰部的褶皱，设置轮
廓的粗细为0.75mm，如图12-65所示。

图12-65

⑬ 在舞台中复制服装到另一侧，如图12-66所示。

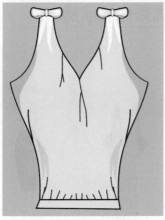

图12-69

⑰ 使用"贝塞尔工具" ✐绘制裙子，如图12-70
所示。

图12-70

⑱ 使用"形状工具" ♦添加控制点，调整裙子的
效果，如图12-71所示。

⑲ 使用"手绘工具" ✑，绘制裙子的褶皱线，如
图12-72所示。

图12-71

图12-72

⑳ 使用"手绘工具" ✑绘制明处图像，设置填充
为白色、轮廓为"无"，如图12-73所示。

图12-73

㉑ 使用"手绘工具" ✑绘制裙摆处的暗处，设置
一种灰色，并设置轮廓为"无"，如图12-74所
示。也可以使用"贝塞尔工具" ✐结合"智能
填充工具" ♣来绘制。

图12-74

㉒ 继续绘制腰带位置下的暗处效果，如图12-75
所示。

图12-75

23 使用"手绘工具" 绘制腰带上的暗处，如图12-76所示。

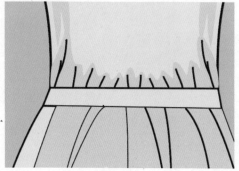

图12-76

24 继续使用"手绘工具" 绘制胸前的明处，如图12-77所示。需要注意的是，绘制明暗处的图像时一定要调整到合适的排列位置。

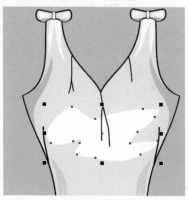

图12-77

25 这样，裙子的明暗效果就绘制完成了，如图12-78所示。

26 将腰带和蝴蝶结填充为红色，完成裙子的制作，如图12-79所示。

图12-78

图12-79

★ ★ ★ ★
12.4 优秀作品欣赏